U0161210

三菱PLC编程
100例详解

张豪　王琪冰　肖刚　●　编著

中国电力出版社
CHINA ELECTRIC POWER PRESS

内 容 提 要

本书以三菱 FX 系列 PLC 工程实践案例为主体，通过 100 个由简单到复杂的 PLC 编程案例，详细讲解了各软元件、基本指令、功能指令的功能及用法。

书中针对工业控制现场的实际情况，介绍了三菱 FX 系列 PLC 逻辑控制、模拟量控制、步进伺服控制，并以三级架构的形式讲述了工业控制通信，最后通过大型案例介绍了实际工作中的编程方法和技巧。

本书的案例几乎涵盖了整个三菱 PLC 应用，读者可举一反三，从而提高自身编程水平。

本书可作为大专院校电气控制、机电工程、计算机控制及自动化类专业学生的参考用书，职业院校学生及工程技术人员的培训及自学用书，也可作为三菱 PLC 工程师提高编程水平、整理编程思路的参考读物。

图书在版编目（CIP）数据

三菱 PLC 编程 100 例详解 / 张豪，王琪冰，肖刚编著 . —北京：中国电力出版社，2022.9
ISBN 978-7-5198-7017-1

Ⅰ．①三…　Ⅱ．①张…②王…③肖…　Ⅲ．① PLC 技术—程序设计　Ⅳ．① TM571.61

中国版本图书馆 CIP 数据核字（2022）第 152296 号

出版发行：中国电力出版社
地　　址：北京市东城区北京站西街 19 号（邮政编码 100005）
网　　址：http://www.cepp.sgcc.com.cn
责任编辑：杨　扬（y-y@sgcc.com.cn）
责任校对：王小鹏
装帧设计：王红柳
责任印制：杨晓东

印　　刷：北京雁林吉兆印刷有限公司
版　　次：2022 年 9 月第一版
印　　次：2022 年 9 月北京第一次印刷
开　　本：787 毫米 ×1092 毫米　16 开本
印　　张：16
字　　数：373 千字
定　　价：68.00 元

序

我和张豪、王琪冰、肖刚相识于共同创办国际学术期刊《智能制造与特种装备》时，因工作的原因，大家有时开会一起进行智能制造技术创新领域的讨论与研究，以及国际先进智能控制技术论文的组稿与评审。

当我听说他们将要出版本书时，比较惊喜，几个月后当我看到这本书稿，一看到目录，我就被书稿的内容深深吸引，目不暇接地一口气读完书稿。智能制造技术中的核心之一是工业控制技术，本书精选了 100 个案例，几乎涵盖了 PLC 的各种应用。最难能可贵的是，所有案例均在实验室调试成功，复杂案例均源自工业现场，并已投入实际使用。

科技肩负重托，创新驱动未来。愿本书为学习工业控制技术的读者提供帮助，为智能制造领域技术发展添砖加瓦。

教育部长江学者特聘教授、浙江大学工业控制技术国家重点实验室主任

请扫码下载
程序素材

前 言

　　本书从工程实践出发，通过由简单到复杂的三菱 FX 系列 PLC 程序案例，讲解 PLC 各软元件、基本指令、功能指令的功能及用法。针对工业控制现场实际，本书以案例的形式分别介绍了逻辑控制、模拟量控制、步进伺服的控制，以三级架构的形式讲述了工业控制通信，最后通过大型案例详细介绍了实际工作中的 PLC 编程方法和技巧。

　　本书共分六章内容，第一章三菱 FX 系列 PLC 逻辑控制系统案例解析，介绍了三菱 FX 系列 PLC 程序软元件、基本指令、功能指令的功能及用法；第二章三菱 FX 系列 PLC 逻辑控制综合案例解析，通过由简单到复杂的案例详细介绍了工业控制现场最常用的逻辑控制编程方法和技巧；第三章模拟量控制系统案例解析，介绍了模拟量在工业控制中的应用；第四章步进伺服控制系统案例解析，以工业现场的实际案例介绍了步进电机的控制，伺服电机的速度，转矩及位置控制；第五章 PLC 控制系统通信案例解析，以三级架构的形式讲述了工业控制通信，同时也介绍了 CC-LINK 现场总线通信的用法，能够使读者了解在实际的工业通信案例中的完整性；第六章 PLC 高级编程案例解析，以大型案例详细介绍实际工作中的编程方法和技巧。

　　本书收集的 100 个案例，简单案例均在实验室调试成功，复杂案例均源自工业现场，并投入实际使用。案例从简单到复杂，几乎涵盖了整个三菱 PLC 应用，读者可以举一反三，在实际工作中有所收益。

　　本书由英国皇家特许工程师、英国工程技术学会会士张豪，中国计量大学教授、博士王琪冰，中国计量大学教授、博导肖刚编著。

　　限于编者水平，书中或有错漏之处，敬请广大读者批评指正。

编者

目 录

第一章

三菱FX系列PLC逻辑控制系统案例解析

第一节　软元件的功能与用法案例解析

【例1】　在三菱PLC控制系统中，按下启动按钮X0，系统启动，Y0输出，为了防止操作员误动作，因此停止按钮做成2个，分别为X1及X2，即同时按下X1及X2，系统才能停止。

程序如下：

```
  X000      M1                                          (Y000   )
  ┤├────────┤/├─────────────────────────────────────────
  启动按钮   停止信号                                      启动输出点
  Y000
  ┤├
  启动输出点
  X001      X002                                         ( M1    )
  ┤├────────┤├──────────────────────────────────────────
  停止1     停止2                                          停止信号
```

【例2】　按下启动按钮X0，指示灯Y0以1s的周期闪烁，按下停止按钮指示灯灭。

程序如下：

```
  X000      X001                                         (M0     )
  ┤├────────┤/├─────────────────────────────────────────
  启动按钮   停止按钮                                       启动信号
  M0
  ┤├
  启动信号
  M0        M8013                                        (Y000   )
  ┤├────────┤├──────────────────────────────────────────
  启动信号   1s时钟继电器                                    指示灯
```

【例3】　松开按钮X0，启动水泵Y0（即按下按钮X0，水泵不启动，松开后才会启动）。松开按钮X1，停止水泵Y0（即按下按钮X1，水泵不停止，松开后才会停止）。

1. 启动水泵程序

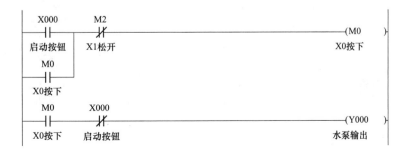

2. 停止水泵程序

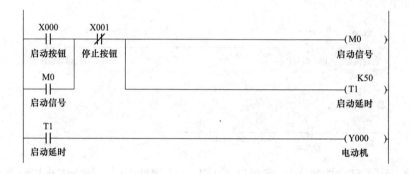

【例4】 按下按钮 X0，电动机 Y0 延时 5s 启动，按下停止按钮 X1，电动机立即停止。

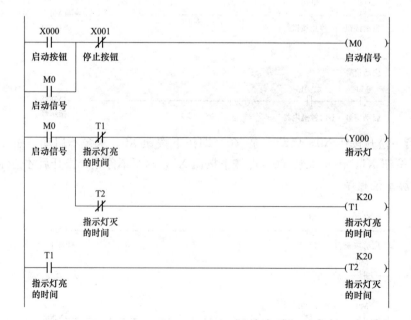

【例5】 按下启动按钮 X0，指示灯以 2s 的频率闪烁，按下停止按钮 X1，指示灯灭。

1. 方法1

2. 方法 2

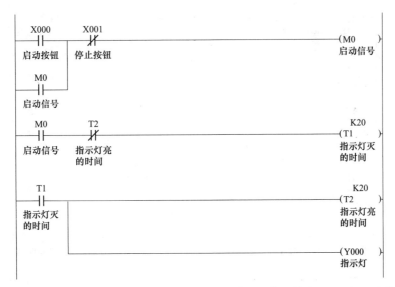

【例 6】 按下启动按钮 X0，启动指示灯 Y0 闪烁，放开按钮 5s 后，正式启动，启动指示灯 Y0 一直亮。按下停止按钮，5s 后，系统停止，启动指示灯 Y0 灭。

程序如下：

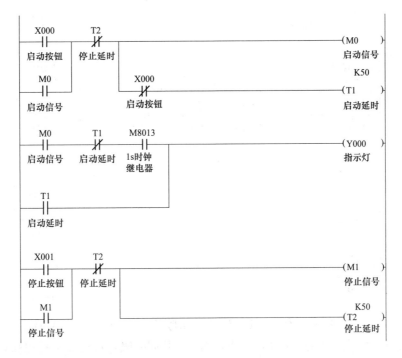

【例 7】 3 台电动机延时启动，延时停止系统。按下 X0 启动按钮，2s 后电动机 1（Y0）启动，再过 2s 后电动机 2（Y1）启动，再过 2s 后电动机 3（Y2）启动。按下停止按钮 X1，3s 后电动机 3（Y2）停止，再过 3s 电动机 2（Y1）停止，再过 3s 电动机 1（Y0）停止。

3

程序如下：

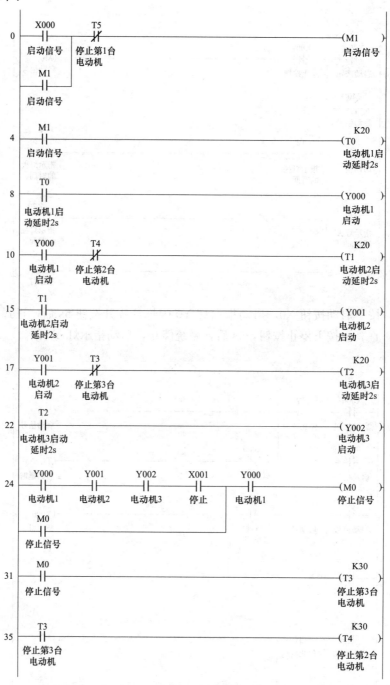

【例8】 喷泉控制要求：有 A、B、C 共 3 组喷头，要求启动后 A 喷 5s，之后 B、C 同时喷，5s 后 B 停止，再过 5s 后 C 停止，而 A、B 同时喷，再过 2s，C 也喷，A、B、C 同时喷 5s 后全部停止，再过 3s 后重复前面的过程，当按下停止按钮后，马上全部停止。

1. 分析

这是一个关于时序循环的问题，这类问题的编程有一定的规则，掌握这个规则，编程就很简单。图 1-1 为控制时序图。

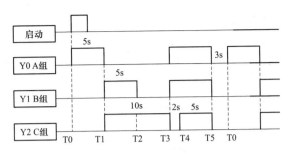

图 1-1 喷泉控制时序图

（1）根据各个负载发生的变化，确定所需要的定时器及定时时间。

（2）由于各个定时器是按先后循序接通的，所以前一个定时器的触点接通后一个定时器的线圈，再用后一个定时器的触点断开前一个定时器的线圈，这样就可以循环起来。

（3）编写驱动负载的程序，根据时序图各负载的上升沿和下降沿的变化，上升沿表示负载接通，下降沿表示负载断开，用相应的动断触点，在一个扫描周期中负载多次接通可以用并联电路。

2. 程序

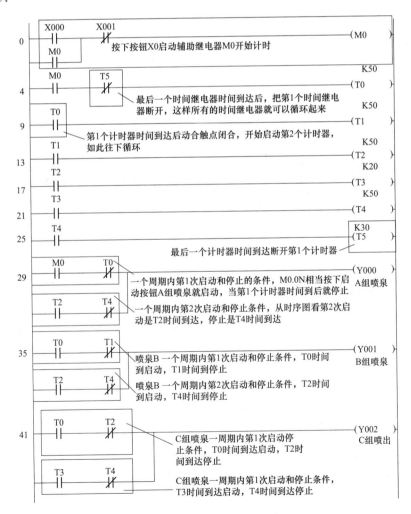

【例9】 交通灯的控制。南北方向：红灯亮25s，然后绿灯亮25s，接下来绿灯按照1s/次的规律闪3次，最后转到黄灯亮2s。东西方向：绿灯亮20s，接下来绿灯按1s/次的规律闪3次，然后转到黄灯亮2s，最后红灯亮30s。以上为一个周期，如此循环运行。

1. 分析

根据要求画出控制时序图，如图1-2所示。

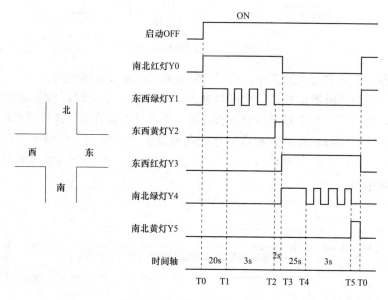

图1-2 交通灯的控制时序图

2. 程序

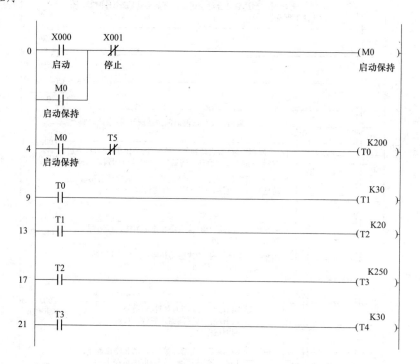

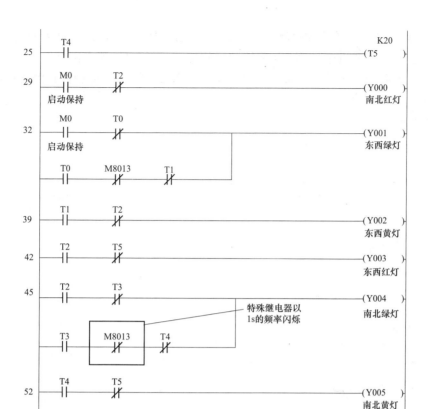

【例10】　控制要求：按下按钮 X0 后，水泵 Y0 启动，24h 后，水泵停止。

1. 分析

普通定时器定时范围为 0～32767×100ms，因此远远不够 24h 的定时时间。若用好几个定时器进行累加，则需太多的定时器，非常麻烦。此例可用计数器来实现。每 30min（半小时）计数一次，24h 只需计数 48 次就可以。

2. 程序

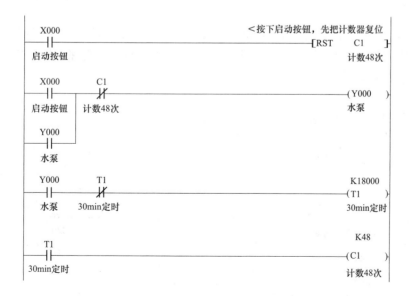

【例11】 对生产的气缸进行耐久测试：按下启动按钮 X0，让气缸来回动作（伸出/缩回），气缸的动作通过电磁阀 Y0 来控制（Y0 得电则伸出，断电则缩回）。动作时，气缸伸出 2s，缩回 2s。这样来回动作 10 次后，气缸测试结束。若要测试其他气缸，再次按下启动按钮。

程序如下：

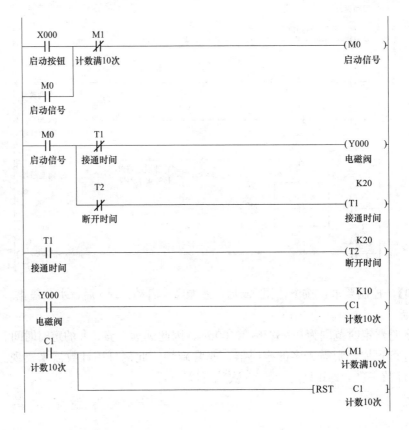

上面的程序中，计数器到达设定值后，应首先把启动按钮断开，再把计数器复位。

【例12】 控制要求：按下启动按钮 X000，指示灯 Y000 一直保持亮，按下停止按钮 X001，指示灯 Y000 断开。

1. 分析

此程序一般的写法：最基本的启保停程序。

2. 程序

（1）写法 1。程序如下：

（2）写法 2。程序如下：

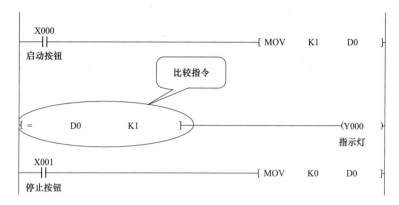

3. 说明

比较指令"[＝ D0 K1]"中，"＝"为比较的条件，"D0"及"K1"是比较的两个数据。把 D0 与 K1 比较，符合比较条件"＝"时，条件成立接通（可以把它当作一个动合触点，当满足比较条件时，此动合触点接通）。

程序说明：启动按钮断开时，D0 的数据是 0，因此比较指令不成立，所以 Y000 不会接通。当按下启动按钮 X000，传送指令将 1 写入 D0，此时 D0 的数据为 1，并且一直为 1，因此比较指令一直成立，一直接通，指示灯 Y000 就一直接通了。当按下停止按钮 X001 后，传送指令又将 0 写入 D0，因此比较指令又不满足，Y000 也就断开了。

【例 13】 按下按钮 X1，指示灯以 3s 的频率闪烁，按下按钮 X2，指示灯以 1s 的频率闪烁。

1. 程序

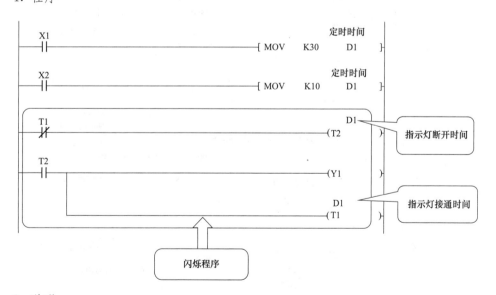

2. 说明

控制要求是一个闪烁程序，因此以上程序中下面 2 步程序为闪烁程序，闪烁时间是 D1。因为闪烁时间会变动，所以这里用一个数据寄存器表示。若要以 1s 闪烁，只要让 D1＝10 就可以了；若要以 3s 闪烁，只要让 D1＝30 就可以了。因此该闪烁程序是可以改変频率的程序。

【例 14】 以数据的形式写一个电动机星—三角降压启动的控制程序。星—三角降压启动的信号图如图 1-3 所示。

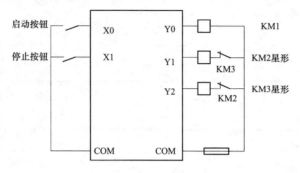

图 1-3 星—三角降压启动的信号图

1. 分析

Y0（KM1）为主电路接触器，Y1（KM3）为星形接触器，Y2（KM2）为三角形接触器。启动时，需使主接触器得电，同时使星形接触器得电。启动后一段时间，把星形接触器断开，改为三角形接触器得电。

可以把 Y0～Y3 看成一个二进制数据 K1Y0，当星形启动时，Y0、Y1 置为 ON，即 K1Y0＝3；10s 后，自动转换为三角形，即 Y0、Y2 置为 ON，即 K1Y0＝5。

2. 程序

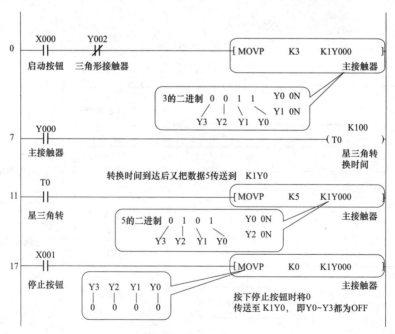

【例 15】 控制要求：金属板收料流水线示意图如图 1-4 所示。按下启动按钮 X001 后，系统启动，电动机 1 启动，并带动金属板往下掉，当金属板掉下后，光电感应器 X0 就会感应到并计数，当金属板累计 10 块后，电动机 1 停止，电动机 2 转动 5s 后停止，电动机 1 继续带动金属板往下掉，如此循环动作。当按下停止按钮 X002 后，系统停止。

1. 分析

根据控制动作，画出的控制流程图如图1-5所示。

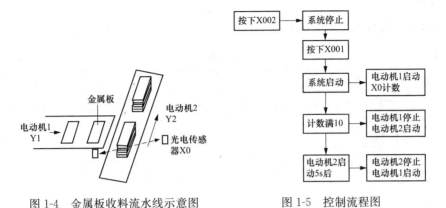

图1-4 金属板收料流水线示意图   图1-5 控制流程图

（1）整个系统分为启动与停止。

（2）启动后，电动机1先动作，并通过光电传感器X0对金属板计数。

（3）计数满后电动机2启动，电动机1停止，此过程为5s。

（4）5s后，应对计数器复位，电动机2停止，电动机1启动，开始新一轮的动作。

2. 程序

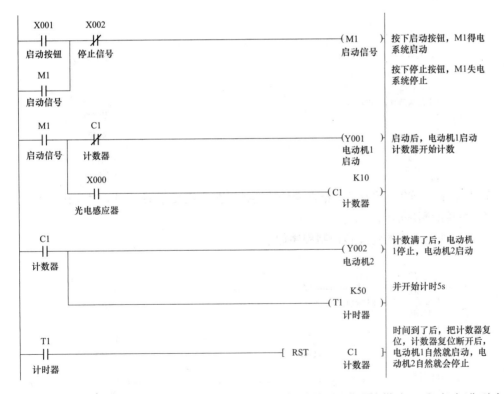

【例16】 全自动洗衣机系统控制要求：①按启动按钮后开始供水；②当水满到水满传感器动作时就停止供水；③水满之后，洗衣机开始执行漂洗过程，漂洗电动机开始正转5s，然后倒转5s，执行此循环动作10min；④漂洗结束之后，出水阀开始放水；⑤放

水 10s 后结束放水，同时发出声光报警器报警提示可以取衣服；⑥按下停止按钮，声光报警器停止，并结束整个工作过程。

1. 分析

根据要求，设计出信号分配见表1-1。

表1-1   I/O 分配表

输入		输出	
功能	地址	功能	地址
启动按钮	X0	供水水泵	Y0
水位满信号	X1	漂洗电动机正转	Y1
停止按钮（复位按钮）	X2	漂洗电动机反转	Y2
		出水控制阀门电动机	Y3
		声光报警器	Y4

2. 程序

（1）水位满了后，先停止供水，然后执行漂洗程序如下：

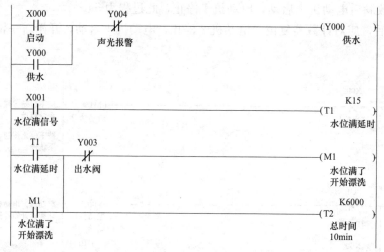

这里用定时器 T1 是为了防止水满传感器被溅到水而发生短时间的误动作，所以用延时。T2 为总的漂洗时间。

（2）漂洗电动机的正反转控制程序如下：

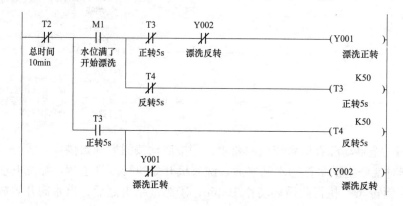

当总时间 T2 接通，则正反转全部断开。

（3）漂洗时间到了后，开始放水，并对记录放水时间，程序如下：

```
   T2          T5
   ┤├──────────┤├──────┬─────────────────────(Y003  )
总时间10min   放水时间  │                        出水阀

   Y003                │                         K100
   ┤├─────────────────┴─────────────────────(T5    )
   出水阀                                       放水时间
```

（4）放水时间到了，开始报警，当按下停止按钮，停止报警，同时把程序第一步的的启动信号断开，程序如下：

```
   T5          X002
   ┤├──────────┤╱├────────────────────────(Y004  )
 放水时间     停止按钮                         声光报警

   Y004
   ┤├
 声光报警
```

第二节　基本指令的用法案例解析

【例 17】　基本启保停控制：按下按钮 X00，指示灯 Y0 亮，Y1 灭。并且按钮松开后，要保持其状态。按下按钮 X01，指示灯 Y1 亮，Y0 灭。并且按钮松开后，要保持其状态。

1. 程序

```
   X000        X001
   ┤├──────────┤╱├────────────────────────(Y000  )

   Y000
   ┤├

   X001        X000
   ┤├──────────┤╱├────────────────────────(Y001  )

   Y001
   ┤├
```

2. 说明

按下按钮 X000 后，X000 的动合触点接通，动断触点断开。动合触点使 Y000 的线圈接通，并通过 Y000 的动合触点自锁保持。动断触点使 Y001 的线圈断开。同样的道理，按下按钮 X001 后，X001 的动合触点接通，动断触点断开。动合触点使 Y001 的线圈接通，并通过 Y001 的动合触点自锁保持。动断触点使 Y000 的线圈断开。

【例 18】　设计一个可用于 4 支比赛队伍的抢答器。系统至少需要 4 个抢答按钮、1 个复位按钮和 4 个指示灯，抢答器示意图如图 1-6 所示。

控制要求：主持人宣布答题后，4 组人 A、B、C、D 开始抢答，X1、X2、X3、X4

图 1-6　抢答器示意图

是每组队伍面前的抢答按钮，谁最先按下按钮，主持人面前对应的灯就会亮，其他队伍再按，主持人面前的灯也不会亮（即主持人面前的等每次答题只会只亮一个），答题完毕后，主持人按下复位按钮 X0，灯灭掉。开始下一轮的抢答。

1. 分析

（1）若 A 先按下按钮，则 Y1 灯要亮，并且一直亮，直到主持人按下复位按钮 X0，灯才会灭。其他人按下按钮，对应的灯也不会亮。

（2）若 B 先按下按钮，则 Y2 灯要亮，并且一直亮，直到主持人按下复位按钮 X0，灯才会灭。其他人按下按钮，对应的灯也不会亮。

（3）若 C 先按下按钮，则 Y3 灯要亮，并且一直亮，直到主持人按下复位按钮 X0，灯才会灭。其他人按下按钮，对应的灯也不会亮。

（4）若 D 先按下按钮，则 Y4 灯要亮，并且一直亮，直到主持人按下复位按钮 X0，灯才会灭。其他人按下按钮，对应的灯也不会亮。

2. 程序

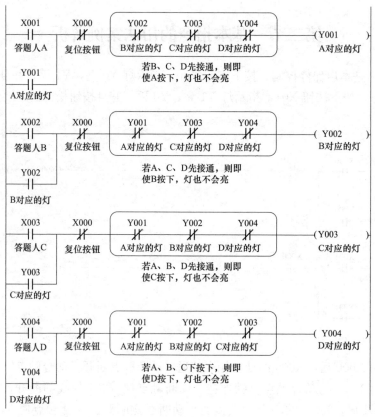

【例 19】　控制要求：用 1 个按钮（X1）来控制 3 个输出（Y1、Y2、Y3）。当 Y1、Y2、Y3 都为 OFF 时，按一下 X1，Y1 为 ON，再按一下 X1，Y1、Y2 为 ON，再按一下 X1，Y1、Y2、Y3 都为 ON，再按 X1，回到 Y1、Y2、Y3 都为 OFF 状态。再操作 X1，输出又按以上顺序动作。

1. 分析

(1) 当按下按钮时，若 Y1、Y2、Y3 都没接通，则应该让 Y1 保持 ON。

(2) 当按下按钮时，若 Y1 接通，但 Y2、Y3 都没接通，则应该让 Y2 保持 ON。

(3) 当按下按钮时，若 Y1、Y2 接通，但 Y3 没接通，则应该让 Y3 保持 ON。

(4) 当按下按钮时，若 Y1、Y2、Y3 都接通了，则应该让 Y1、Y2、Y3 都断开。

2. 程序

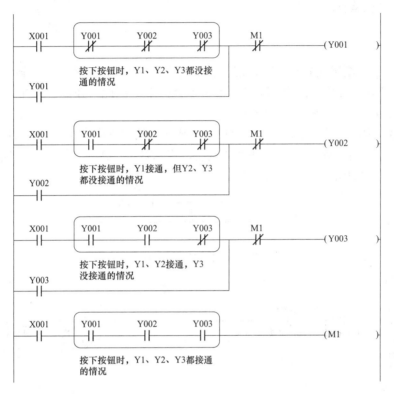

【例 20】　某简单流水线控制系统如图 1-7 所示。控制要求：按下启动按钮后，箱子顺着皮带流到存储箱内。没有箱子供给时，皮带停止转动。

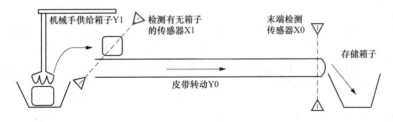

图 1-7　简单流水线控制系统

1. 分析

图 1-7 左边是一个供料装置，按下启动按钮 X3，机械手供给装置 Y1 动作，向皮带上供给一个箱子，当感应器 X1 感应到有箱子时，皮带就带动箱子向前转动，到皮带尾部有一个感应器 X0，当箱子跌落到存储箱，皮带停止转动。

2. 程序

3. 说明

当感应器 X0 刚感应到箱子时，箱子还在皮带上，此时若让皮带停止转动，箱子不会掉下。只有当箱子脱离感应器 X0 时，箱子才会掉下。因此，在此程序中，不能直接用 X1 的动断触点来把皮带转动 Y0 断开。

【例 21】 物体运动示意图如图 1-8 所示。物体原始位置在 A 点，按下启动按钮 X10，物体由 A 处运动到 B 处，当物体到达 B 点后，指示灯 Y0 亮 5s 后停止，当指示灯灭后，按下停止按钮，物体由 B 点运动到 C 点。

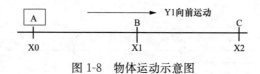

图 1-8　物体运动示意图

程序如下：

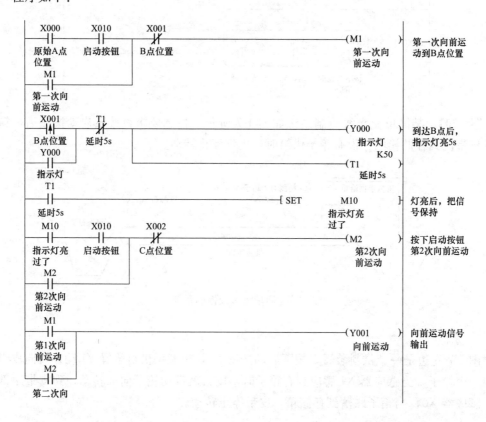

【例 22】 某自动升降门示意图如图 1-9 所示。

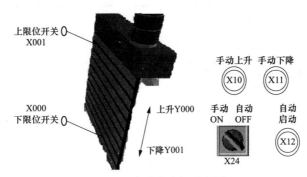

图 1-9 自动升降门示意图

控制要求：通过 Y000 及 Y001 控制自动门上升和下降，上限位开关 X001 及下限位开关 X000 作上升及下降的限位用。系统分手动及自动操作，X24 旋到 ON 时为手动，X24 旋到 OFF 时为自动。手动控制时，通过按钮 X10 及 X11 控制其上升下降（即按住 X10 则上升，松开则停止，按住 X11 则下降，松开则停止）。自动控制时，按下自动启动 X12，门自动上升，上到上限位后，延时 6s 后自动下降，降到下限位后又自动上升，一次循环。当处于手动操作时，自动程序不起作用。当处理自动操作时，手动程序不起作用。

1. 手动程序

当 X24 处于 ON 时，手动主控指令接通，则手动程序可以执行。

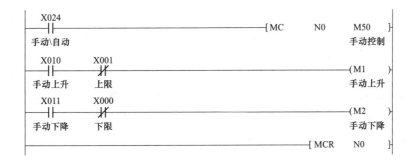

2. 自动程序

当 X24 处于 OFF 时，自动主控指令接通，则自动程序可以执行。

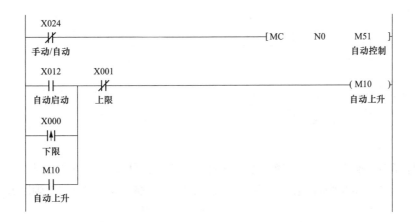

17

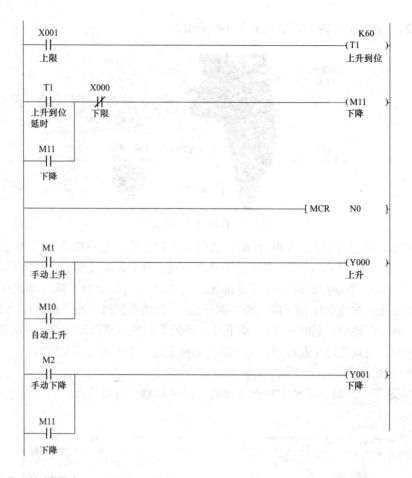

【例23】 控制要求：现有1个按钮X0，1个指示灯Y0，当第1次按下X0后，指示灯Y0亮，并保持亮，当第2次按下X0后，Y0灭，第3次按下X0后，Y0又亮，第4次按下X0后，Y0又灭，如此循环动作。

1. 写法1

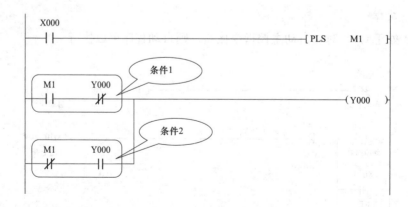

上述程序中，驱动Y000接通的是"条件1"及"条件2"，只要"条件1"或"条件2"中满足一个，Y000则接通。"条件1"或"条件2"都不满足，Y000则断开。

2. 写法 2

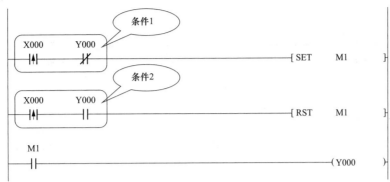

当 Y000 断开时，按下 X000，第一个扫描周期内"条件 1"接通，把 M1 置位接通。此时"条件 2"因 Y000 还没接通，所以不满足，不会把 M1 复位。所以最后 M1 驱动 Y000 接通，以后的周期内因"$\dashv\uparrow\vdash$"不会接通，所以 M1 不会有变化，一直保持原来接通的状态。当 Y000 接通后，再按下 X000，第 1 个扫描周期内，"条件 1"断开，"条件 2"满足，把 M1 复位断开，最后 M1 断开，则 Y000 也断开，以后的周期内因"$\dashv\uparrow\vdash$"不会接通，所以 M1 不会有变化，一直保持原来断开的状态。

【例 24】　控制要求：①按下启动按钮 X0，5s 后指示灯 Y0 灯亮；②按下停止按钮 X1，3s 后指示灯 Y0 灯灭。

程序如下：

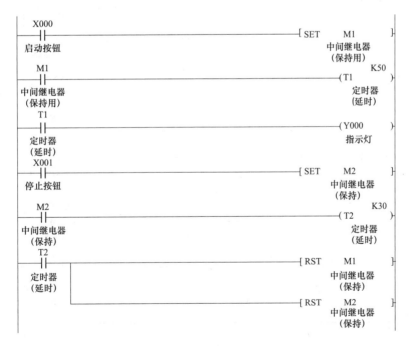

【例 25】　控制要求：当按下 X1 启动按钮时，4 盏灯 Y0～Y3 依次以间隔 1s 的时间顺序点亮，当最后的灯 Y3 点亮后程序又返回到初始状态 S0。若再按下 X1，则 4 盏灯又亮一个周期。若将 X1 一直保持在 ON 的状态，就可以实现这 4 盏灯重复循环亮灭。

程序如下：

```
  M8002
  ──┤├──────────────────────────────────────[ SET    S0   ]
  初始脉冲                                           初始状态

                                             ─[ STL    S0   ]
                                                    初始状态
  X001
  ──┤├──────────────────────────────────────[ SET    S20  ]
                                                    启动状态1

                                             ─[ STL    S20  ]
                                                    启动状态1

              ┌────────────────────────────────(Y000 )
              │                                      第1盏灯
              │                                      K10
              └────────────────────────────────(T0    )
  T0
  ──┤├──────────────────────────────────────[ SET    S21  ]
                                                    启动状态2

                                             ─[ STL    S21  ]
                                                    启动状态2
              ┌────────────────────────────────(Y001 )
              │                                      第2盏灯
              │                                      K10
              └────────────────────────────────(T1    )
  T1
  ──┤├──────────────────────────────────────[ SET    S22  ]
                                                    启动状态3

                                             ─[ STL    S22  ]
                                                    启动状态3
              ┌────────────────────────────────(Y002 )
              │                                      第3盏灯
              │                                      K10
              └────────────────────────────────(T2    )
  T2
  ──┤├──────────────────────────────────────[ SET    S23  ]
                                                    启动状态4

                                             ─[ STL    S23  ]
                                                    启动状态4
              ┌────────────────────────────────(Y003 )
              │                                      第4盏灯
              │                                      K10
              └────────────────────────────────(T3    )
  T3
  ──┤├──────────────────────────────────────[ SET    S0   ]
                                                    初始状态

                                             ─[ RET        ]
```

【例26】 某送料小车示意图如图1-10所示。初始位置在A点，按下启动按钮（X4），在A点装料（Y1），装料时间5s，装完料后驶向B点卸料（Y2），卸料时间7s，卸完后又返回A点装料，装完后驶向C点卸料，卸完后返回A点。按如此规律分别给B、C两点送料，循环进行。当按下停止按钮时，则完成当前周期后停在 A 点。

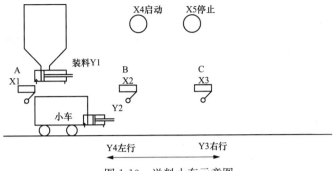

图 1-10　送料小车示意图

1. 分析

首先绘制流程图，流程图可以清晰地反映整套系统的动作顺序，在编写程序时，可以很清楚地知道编写的进程。送料小车运行流程图如图 1-11 所示。

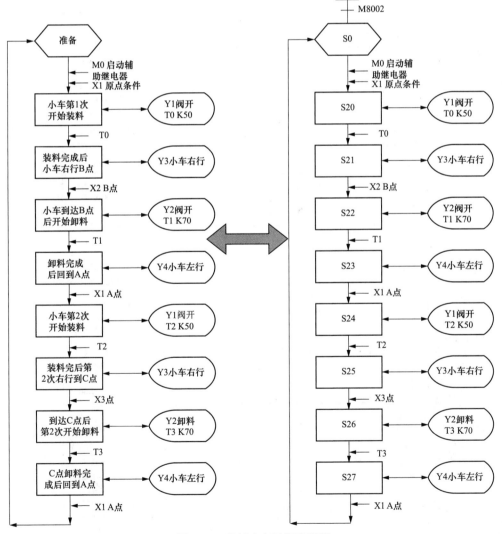

图 1-11　送料小车运行流程图

2. 程序

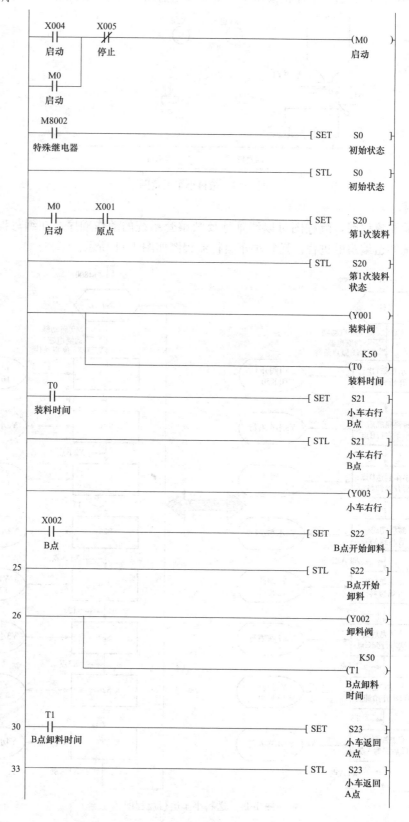

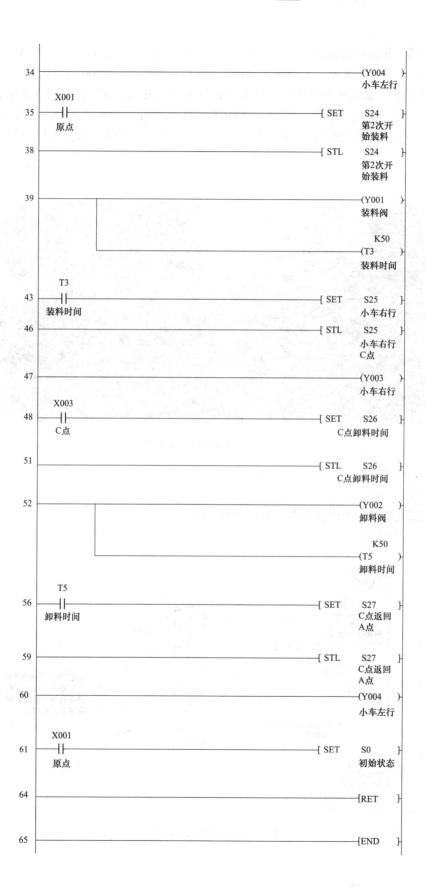

34 ────────────────────────────────────── (Y004)
　　　　　　　　　　　　　　　　　　　　小车左行

　　X001
35 ──┤├────────────────────────── [SET　S24]
　　原点　　　　　　　　　　　　　　　　第2次开
　　　　　　　　　　　　　　　　　　　始装料

38 ────────────────────────────── [STL　S24]
　　　　　　　　　　　　　　　　　　　第2次开
　　　　　　　　　　　　　　　　　　　始装料

39 ────────────────────────────────────── (Y001)
　　　　　　　　　　　　　　　　　　　装料阀

　　　　　　　　　　　　　　　　　　　　K50
　　　　　　　　　　　　　　　　　　　(T3)
　　　　　　　　　　　　　　　　　　　装料时间

　　T3
43 ──┤├────────────────────────── [SET　S25]
　　装料时间　　　　　　　　　　　　　　小车右行

46 ────────────────────────────── [STL　S25]
　　　　　　　　　　　　　　　　　　　小车右行
　　　　　　　　　　　　　　　　　　　C点

47 ────────────────────────────────────── (Y003)
　　　　　　　　　　　　　　　　　　　小车右行

　　X003
48 ──┤├────────────────────────── [SET　S26]
　　C点　　　　　　　　　　　　　　　　C点卸料时间

51 ────────────────────────────── [STL　S26]
　　　　　　　　　　　　　　　　　　　C点卸料时间

52 ────────────────────────────────────── (Y002)
　　　　　　　　　　　　　　　　　　　卸料阀

　　　　　　　　　　　　　　　　　　　　K50
　　　　　　　　　　　　　　　　　　　(T5)
　　　　　　　　　　　　　　　　　　　卸料时间

　　T5
56 ──┤├────────────────────────── [SET　S27]
　　卸料时间　　　　　　　　　　　　　　C点返回
　　　　　　　　　　　　　　　　　　　A点

59 ────────────────────────────── [STL　S27]
　　　　　　　　　　　　　　　　　　　C点返回
　　　　　　　　　　　　　　　　　　　A点

60 ────────────────────────────────────── (Y004)
　　　　　　　　　　　　　　　　　　　小车左行

　　X001
61 ──┤├────────────────────────── [SET　S0]
　　原点　　　　　　　　　　　　　　　　初始状态

64 ────────────────────────────── [RET]

65 ────────────────────────────── [END]

【例27】 某自动钻孔机示意图如图1-12所示。按下供给按钮X20，则Y0接通，系统供给一个箱子，按钮X24控制输送带运转（Y1）。当箱子移动到钻孔机底下时，即传感器X1就感应到，此时输送带停止，钻孔机开始下降钻孔（Y2），钻孔机钻完孔后自动上升。钻孔时X0为ON，钻完孔后X0自动从ON变成OFF。当钻孔机钻完后输送带（Y1）再次ON，当碰到传感器X5时再供给一个箱子依次循环，当按下停止按钮时箱子要走完一个周期才停止。

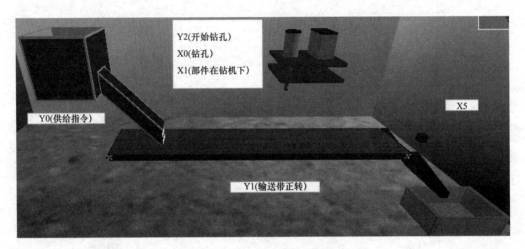

图1-12　自动钻孔机示意图

1. 分析

根据如上要求，画出流程图，如图1-13所示。

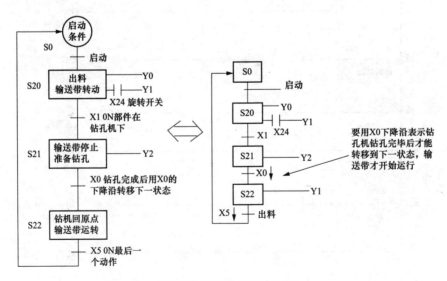

图1-13　自动钻孔机流程图

2. 程序

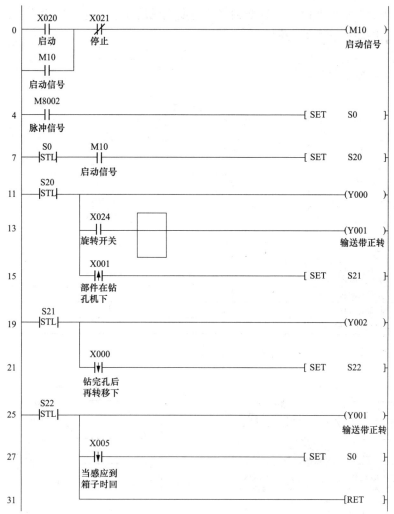

3. 说明

在用步进指令写程序时，可以出现双线圈，这十分方便。假如一个负载在程序中出现多次启动停止就不用考虑双线圈输出了，而且梯形图和步进程序可以混合使用。

【例28】　某化工行业混合液体配料系统如图 1-14 所示，YVl、YV2 电磁阀控制流入液体 A、B，YV3 电磁阀控制流出液体 C。H0、M0、L0 分别为高、中、低液位感应器，M 为搅拌电动机。

（1）初始状态要求容器内是空的，各电磁阀关闭，M 停转；按下启动按钮，YVl 打开，流入液体 A，液体满至 M 时，YVl 关闭；YV2 打开，流入液

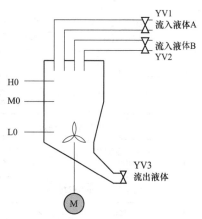

图 1-14　混合液体配料系统

体 B，液体满至 H 时，YV2 关闭；此时，M 开始搅拌 20s；然后 YV3 打开，流出混合液体 C；当液体减至 L 时，开始计时，20s 后容器内液体全部流出。电磁阀 YV3 关闭，完

成一个周期，下一个周期自动开始运行。

（2）当按下停机按钮时，一直要到当前周期完成后才能停止，中途不能停止。

（3）各工序能单独手动控制。

1. 分析

I/O 地址分配见表 1-2。

表 1-2 I/O 分配表

输入		输出	
功能	地址	功能	地址
启动按钮	X0	电磁阀 YV1	Y1
停止按钮	X1	电磁阀 YV2	Y2
低位传感器 L	X2	电磁阀 YV3	Y3
中位传感器 M	X3	搅拌机 M	Y4
高位传感器 H	X4		
手动/自动选择 （X10＝ON 自动；X10＝OFF 手动）	X10		
手动流入液体 A	X11		
手动流入液体 B	X12		
手动流出液体 C	X13		
手动启动搅拌机 M	X14		

根据要求，画出流程图，如图 1-15 所示。

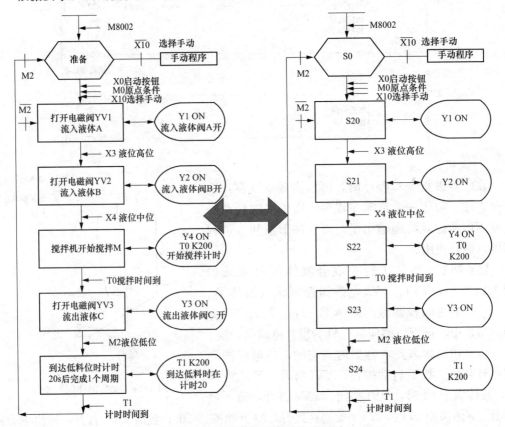

图 1-15 混合液体配料系统流程图

2. 程序

（1）自动运行时，要求容器内是空的，也即3个液位传感器是断开的。另外，各电磁阀是关闭的，搅拌电动机是停止的，即Y1、Y2、Y3、Y4都是OFF状态。所以原点条件程序是：

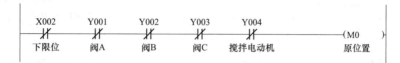

（2）当M0为ON，表示符合自动运行的初始状态，程序如下：

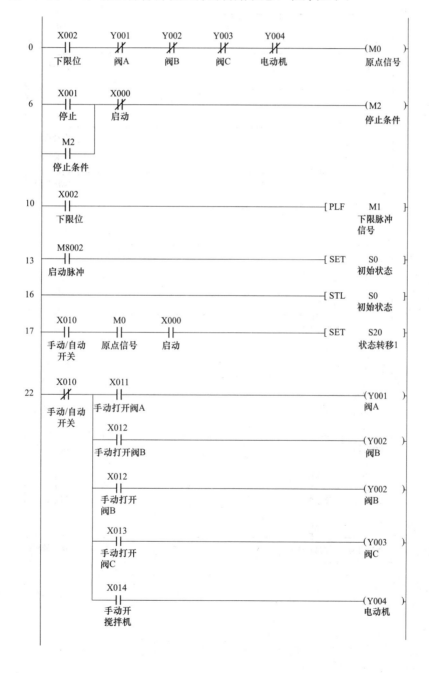

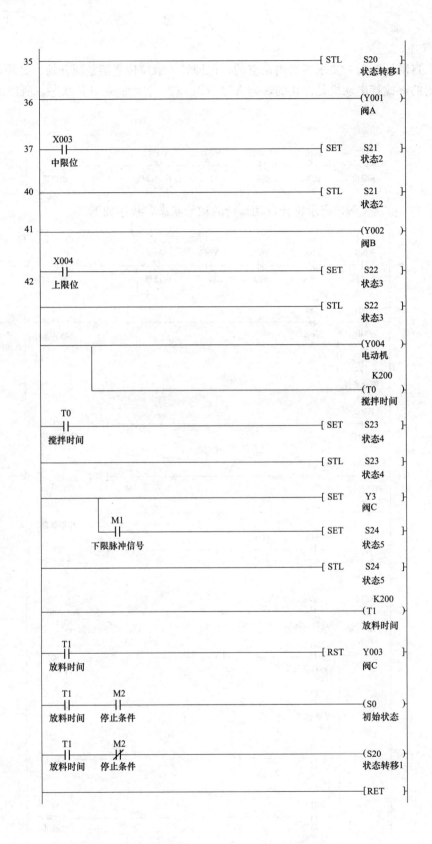

第三节 功能指令应用案例解析

【例29】 控制要求：定时器中断的定时时间最大为99ms，用定时器中断实现周期为10s的高精度定时，并通过指示灯Y0来显示。

程序如下：

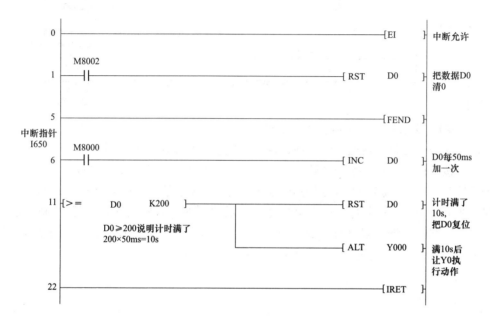

【例30】 用功能指令编写起保停程序。控制要求：按下启动按钮X001，电动机Y1启动并保持，按下停止按钮X002，电动机立刻停止。

程序如下：

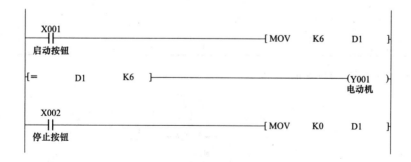

【例31】 电子厂内产品数量的记录及显示案例。控制要求：①由10台机器生产零件，都用同一个显示器显示当天生产的数量；②每台机器对应的计数器是C0～C9，一开始显示器显示第1台生产数量；③按一下按钮X0，显示第2台数量，再按一下显示第3台数量，以此类推，当显示最后1台机器时，再按下按钮，则重新回到第1台显示。

I/O地址分配见表1-3。

表 1-3   I/O 分配表

输入		输出	
功能	地址	功能	地址
按钮	X0	显示器信号	Y0~Y17

```
     M8002
     ||────────────────────────[ MOVP   K0    Z0 ]   初始时,把Z0清0
     M1                                              或当Z0=10了,也
     ||                                              把Z0清0
     X000
     ||──────────────────────[ BCD   C0Z0  K4Y000 ]  把计数器数据
      │                                              显示在显示器上
      ├──────────────────────────[ INCP   Z0 ]       对变址寄存
      │                                              器Z0加1
      └─────────────────────[ CMP   K10   Z0   M0 ]  Z0与10比较,
                                                     若Z0满10,
                                                     则M1接通
```

【例 32】 交通信号显示器。控制要求:

(1) 交通信号显示器通过红、绿、黄 3 种颜色来显示不同的信号。

(2) 按下启动按钮,系统开始工作,工作顺序及要求如下:①红灯亮,显示器由 30s 开始倒计时,每 1s 减 1 次,直到为 0,红灯灭;②黄灯亮,显示器由 4 开始倒计时,每 1s 减 1 次,直到为 0,黄灯灭;③绿灯亮,显示器由 30s 开始倒计时,每 1s 减 1 次,当减到 7 时,绿灯闪烁(频率为 1s 或 0.5s),减为 0 时,绿灯灭,开始下一轮的循环;④只要按下停止按钮,系统停止,指示灯灭,显示器不显示。

1. 分析

I/O 分配表见表 1-4。

表 1-4   I/O 分配表

输入		输出	
功能	地址	功能	地址
启动按钮	X000	红灯信号	Y000
停止按钮	X001	黄灯信号	Y001
		绿灯信号	Y002
		显示器信号	Y10~Y17

控制流程图如图 1-16 所示。

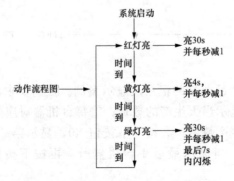

图 1-16 交通信号显示器控制流程图

30

2. 程序

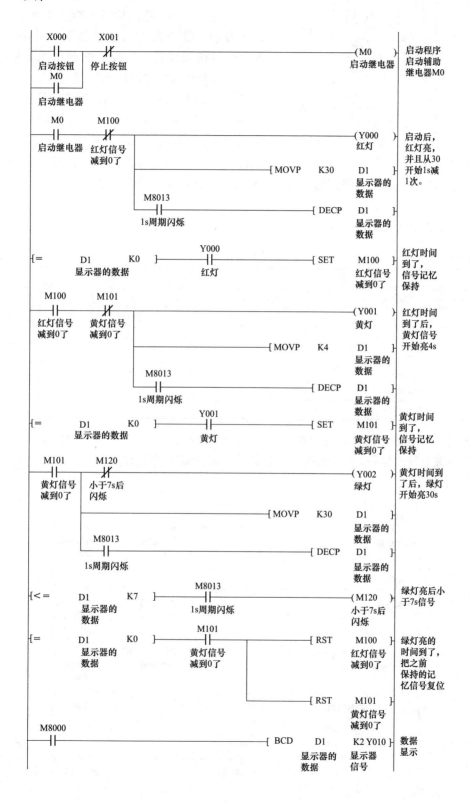

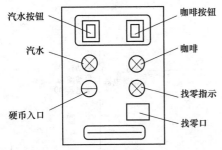

图 1-17 自动售货机示意图

【例33】 某自动售货机示意图如图 1-17 所示。控制要求：①此售货机可投入 1 元、5 元或 10 元硬币；②当投入的硬币总值超过 12 元时，汽水按钮指示灯亮；当投入的硬币总值超过 15 元时，汽水及咖啡按钮指示灯都亮；③当汽水按钮指示灯亮时，按汽水按钮，则汽水排出 7s 后自动停止，这段时间内，汽水指示灯闪动；④当咖啡按钮指示灯亮时，按咖啡按钮，则咖啡排出 7s 后自动停止，这段时间内，咖啡指示灯闪动；⑤若汽水或咖啡按出后，还有一部分余额，则找钱指示灯亮，按下找钱按钮，自动退出多余的钱，随后找钱指示灯灭掉。

1. 分析

I/O 地址分配表见表 1-5。

表 1-5　　　　　　　　　　　　　I/O 分配表

输入		输出	
功能	地址	功能	地址
1 元币感应器	X0	汽水指示灯	Y0
5 元币感应器	X1	咖啡指示灯	Y1
10 元币感应器	X2	找钱指示灯	Y2
汽水按钮	X3	汽水阀门	Y3
咖啡按钮	X4	咖啡阀门	Y4
找钱按钮	X5		

根据 I/O 数量，及控制功能要求，选择性价比较高的 FX0S-14MR-001 的 PLC。它具有 8 个开关量输入信号，6 个开关量输出信号，能满足本例需求。

2. 程序

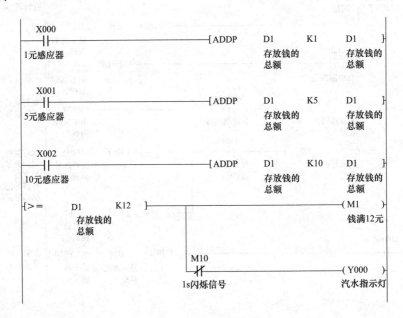

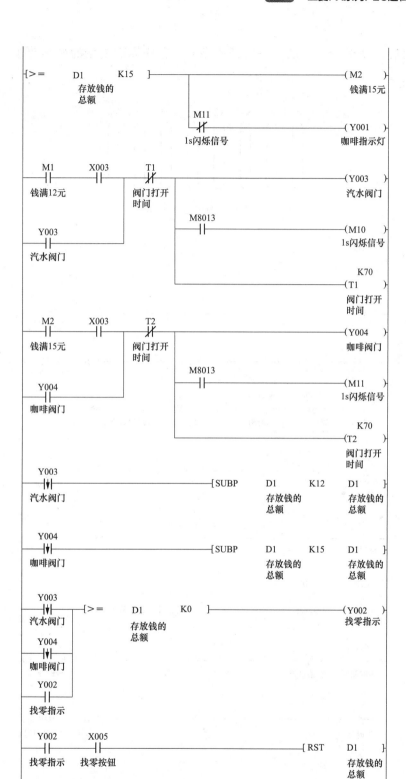

【例34】　霓虹灯控制，霓虹灯示意图如图1-18所示。控制要求：8个不同颜色的灯管按照一定的规律动作，信号依次为Y0～Y7。8个灯管亮灭的时序为：第1根亮→第2根亮→第3根亮→…→第8根亮，时间间隔为1s，全亮后，显示10s，再反过来从8→7→…→1顺序

熄灭。全灭后，停亮 2s。再从第一根开始亮起，这样周而复始的循环动作，如图 1-18 所示。

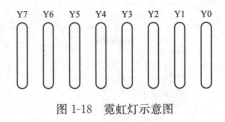

图 1-18　霓虹灯示意图

1. 程序

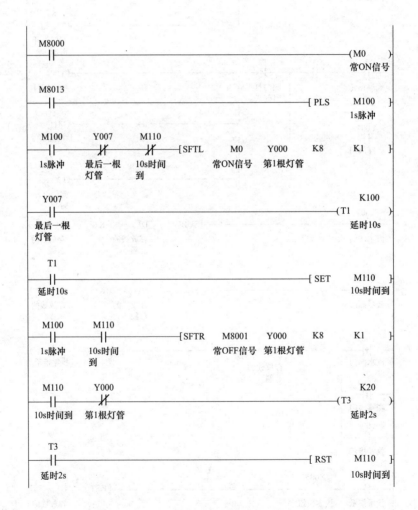

2. 说明

程序中的［SFTL　M0　Y000　K8　K1］为移位指令，分析过程如下：程序中，驱动 SFTL 左移位指令的是 M100，而 M100 是 1s 的脉冲信号，每 1 秒驱动 SFTL 指令 1 次，也即每秒接通 1 个输出点，当 Y007 接通后，停止移位。同样道理，SFTR 指令是右移位指令，每 1 秒驱动 1 次，每 1 秒断开 1 个输出点。指令解析图如图 1-19 所示。

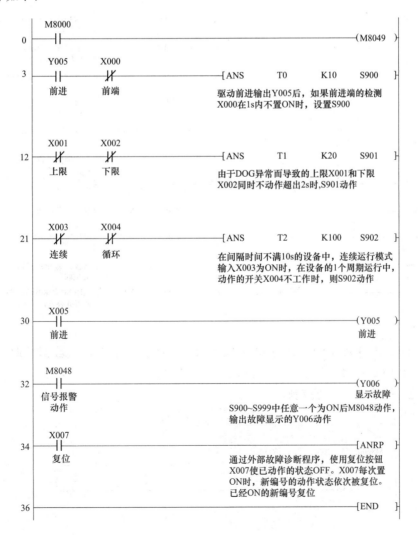

图 1-19　指令解析图

【**例 35**】　通过信号报警器显示故障编号。编写诊断外部故障用的程序，如监控 D8049（ON 状态最小编号）的内容时，会显示 S900～S999 中为 ON 的状态的最小编号。同时发生多个故障时，排除了最小编号的故障后可以得知下一个故障编号。

程序如下：

```
      M8000
0 ─┤├─────────────────────────────────────────( M8049 )

      Y005   X000
3 ─┤├────┤/├──────────────[ANS    T0    K10    S900 ]
      前进   前端
                     驱动前进输出Y005后，如果前进端的检测
                     X000在1s内不置ON时，设置S900

      X001   X002
12 ─┤/├───┤/├─────────────[ANS    T1    K20    S901 ]
      上限   下限
                     由于DOG异常而导致的上限X001和下限
                     X002同时不动作超出2s时,S901动作

      X003   X004
21 ─┤/├───┤/├─────────────[ANS    T2    K100   S902 ]
      连续   循环
                     在间隔时间不满10s的设备中，连续运行模式
                     输入X003为ON时，在设备的1个周期运行中，
                     动作的开关X004不工作时，则S902动作

      X005
30 ─┤├────────────────────────────────────────( Y005 )
      前进                                        前进

      M8048
32 ─┤├────────────────────────────────────────( Y006 )
      信号报警                                    显示故障
      动作
                     S900~S999中任意一个为ON后M8048动作，
                     输出故障显示的Y006动作

      X007
34 ─┤├────────────────────────────────────────[ANRP ]
      复位
                     通过外部故障诊断程序，使用复位按钮
                     X007使已动作的状态OFF。X007每次置
                     ON时，新编号的动作状态依次被复位。
                     已经ON的新编号复位

36 ───────────────────────────────────────────[END ]
```

【例36】　高速计数器模块 FX2N-1HC 的应用。某 FX2N 型 PLC 控制系统的各模块连接如图 1-20 所示。其中，高速计数器模块 FX2N-1HC 的序号为 2。将该模块内的计数器设置为由软件控制递加/递减的单相单输入的 16 位计数器，并将其最大计数限定值设定为 K4444，采用硬件比较的方法，其设定值为 K4000。

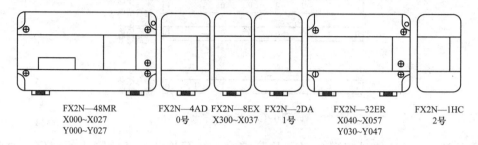

FX2N—48MR　　FX2N—4AD　FX2N—8EX　FX2N—2DA　　FX2N—32ER　　FX2N—1HC
X000~X027　　　0号　　　　X300~X037　1号　　　　X040~X057　　2号
Y000~Y027　　　　　　　　　　　　　　　　　　　Y030~Y047

图 1-20　某 FX2N 型 PLC 控制系统的各模块连接

1. 程序

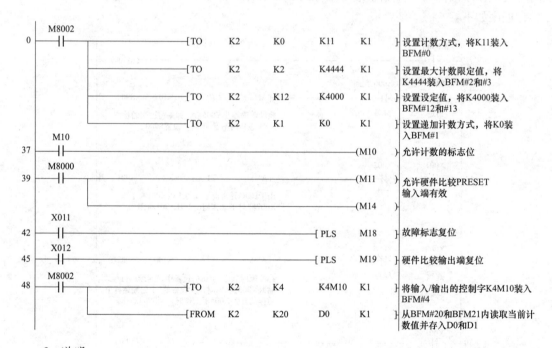

2. 说明

FX2N-1HC 内计数器的计数方式由 BFM♯0 内的数据决定，该数据的取值范围为 K0～K11，由 PLC 通过 TO 指令写入到 BFM♯0 中去。

【例37】　简单的万年历控制。

程序如下：

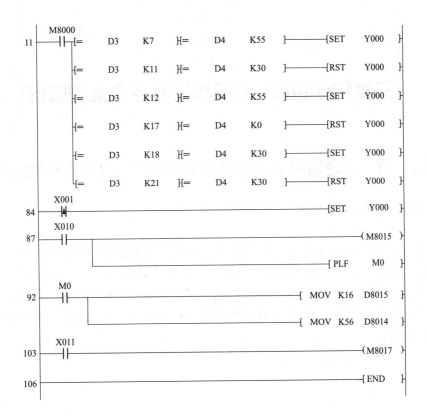

第二章

三菱FX系列PLC逻辑控制综合案例解析

第一节　继电器控制系统改造成 PLC 控制系统案例解析

【例 38】　电动机制动控制

1. 电气控制线路分析

图 2-1 所示为串阻减压启动和反接制动控制图。主电路中，合上 QF 后，当主触头 KM1、KM3 闭合，则电动机串联了电阻 R 开始减压启动；到达稳定转速后，主触头 KM3 断开，电动机切换为正常运转状态。制动时，主触头 KM1 断开，KM2 闭合，电动机转子施加制动反转转矩；电动机接近零转速时，主触头 KM2 断开，撤去制动反转转矩，电动机停转。

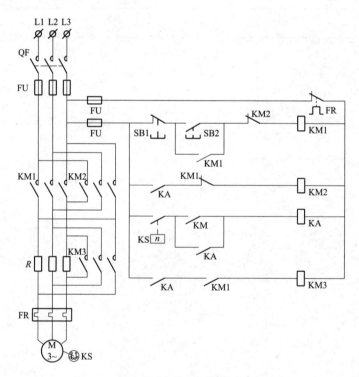

图 2-1　串阻减压启动和反接制动电气控制

2. 梯形图初步转换

图 2-2 所示为 PLC 替代控制时的主电路，可以看出，该主电路与继电器接触器控制时的主电路基本相同。为 PLC 提供电源的两路线则采用变压器输出。PLC 的 I/O 接线图如图 2-3 所示。

图 2-4 所示为电动机串阻减压启动和反接制动控制电路，按下 SB2，线圈 KM1 通电，

并通过动合辅助触点 KM1 自锁，主电路中电动机 M 通过串电阻 R 进行减压启动。

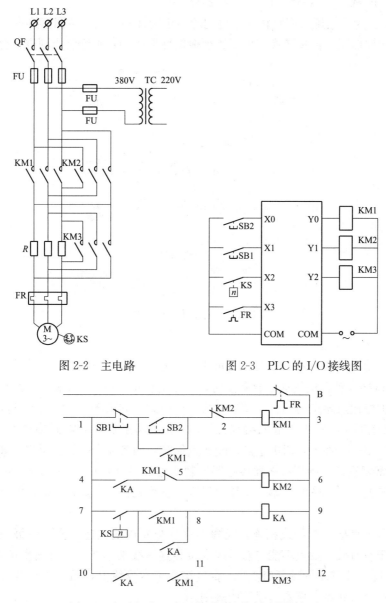

图 2-2 主电路   图 2-3 PLC 的 I/O 接线图

图 2-4 电动机串阻减压启动和反接制动控制电路

电动机 M 启动后不断升速，到达速度继电器 KS 的额定转速后将使该速度继电器闭合，因该支路的动合触点 KM1 已闭合，所以继电器线圈 KA 将闭合并通过动合辅助触点 KA 自锁。继电器线圈 KA 一旦通电，导致 KM3 线圈通电，主电路中形成主触点 KM1、KM3 通电，KM2 断电的状态，电动机 M 全压稳定转动。

SB1 是总停开关，按下 SB1，接触器线圈 KM1 断电，这将使线圈 KM2 通电，线圈 KM3 断电。主电路中因主触点 KM1、KM3 断电，KM2 通电，转子上施加了反转转矩，使得电动机 M 快速降速。

当电动机快速降速至速度继电器 KS 的额定转速时将触点断开，电动机停转。本控制线路中共有 4 个回路，分别为：①A→1→2→3→B→C；②A→1→4→5→6→B→C；③A→1→7→8→9→B→C；④A→1→10→11→12→B→C。

图 2-5 所示为根据逐行回路转换法得到的初步转换梯形图。该图直接将 4 个回路转换为一个 4 行的梯形图。初步转换梯形图还须根据梯形图的若干绘制原则进行合理修改。

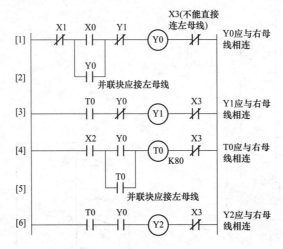

图 2-5　初步转换梯形图

3. 梯形图修正规则

（1）接入动合（常开）型输入电气元件时，梯形图与电气控制图中各触头形式一致。当 PLC 的 I 口接入动合按钮或动合触点时，与之对应的 PLC 内部编程元件与继电器接触器控制线路中按钮或触点的动合、动断形式完全一致。如果图 2-3 中输入口接入动合按钮 SB1，则梯形图第 1 支路中对应的编程元件 X1 为动断触点，继电器接触器控制线路中，A→1→2→3→B→C 回路中 SB1 也是动断触点形式，两者完全一致。反之，如果 PLC 的 I 口接入 SB1 常闭按钮，则因继电器接触器控制线路的 A→1→2→3→B→C 回路中 SB1 是动断形式，转换为梯形图时，第 1 支路中对应的编程元件 X1 就应为动合触点，两者触点形式刚好相反。

（2）触点不直接与右母线相连，线圈不直接与左母线相连。梯形图每一行从左母线开始并终止于右母线，触点不能与右母线直接相连，线圈不能与左母线直接相连。图 2-5 中第 1、3、4、6 支路中的动断触点 X3 直接接在了右母线上，因此要与各自的线圈互换位置，才能符合"触点不接右母线"的规则。

（3）较多串联触头支路置于上，较多并联触头回路置于左。在一条梯形图支路中，几个触点并联的回路应置于左母线端，并联触点越多，回路位置越靠左；支路与支路之间，串联触点多的支路应置于梯形图上部位置，如图 2-5 中，第 1、2、4、5 支路的并联回路按本规则应置于梯形图的左母线处。

（4）受线圈控制的触头所在支路置于线圈支路之后。图 2-5 中第 3 支路的 T0 触头受第 5 支路线圈 T0 控制，应将第 3 支路置于线圈 T0 所在支路（第 5 支路）之后，才能使梯形图逻辑清晰，容易读懂。

（5）同一编号线圈不重复，一条支路中多个线圈可并联输出。同一编号的线圈在一个程序中使用两次称为重复线圈输出，极易引起误操作，应尽量避免使用；而且一条支路中的两个或两个以上不同编号的线圈，则可以采用并联的方式输出，但不能串联。

根据上述规则修正后的梯形图如图2-6所示。此外，梯形图还应根据梯形图简化规则进行化简，以提高PLC程序的简洁性与执行效率，如图2-6中第3、5支路中的动断触点X3可根据简化规则省略（详见下一例）。

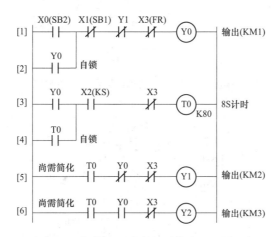

图2-6 根据梯形图绘制规则修改后的梯形图

【例39】 两台电动机顺序启动控制

1. 电气控制线路分析

图2-7所示为两台电动机顺序启动控制电路。主电路中，合上QS后，当主触点KM1合上时，电动机M1转动；而当主触点KM2合上时，电动机M2转动。

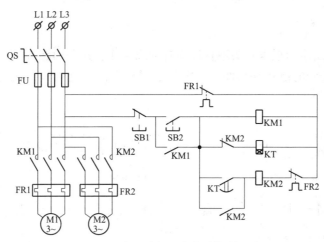

图2-7 两台电动机顺序启动控制电路

2. 初步转换梯形图

图2-8是两台电动机顺序启动继电器接触器控制电路，其中有3个回路：①A→4（4、5支路与4、7、8、5支路的并联块）→5→6→3→2→1→B；②A→4（4、5、8支路与4、7、8支路的并联块）→8→9→10→6→3→2→1→B；③A→4（4、5、8支路与4、7、8支路的并联块）→8→11（11、12支路与11、15、16、12支路的并联块）→12→13→14→10→6→3→2→1→B。采用逐行回路转换法得到初步梯形图，如图2-9所示。

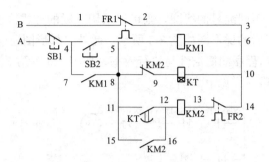

图 2-8 两台电动机顺序启动继电器接触器控制电路

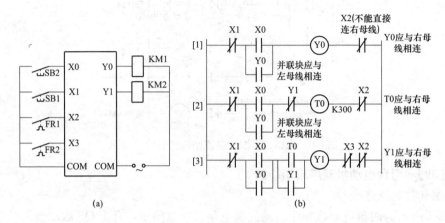

图 2-9 逐行回路转换法

(a) PLC 的 I/O 接线图；(b) 初步转换梯形图

3. 梯形图修正与简化

图 2-10（a）所示为根据触头不直接与右母线相连、并联回路接左母线规则对初步转换梯形图修正后得到的修正梯形图。梯形图还需根据简化规则进行化简，简化后的梯形图如图 2-10（b）所示。

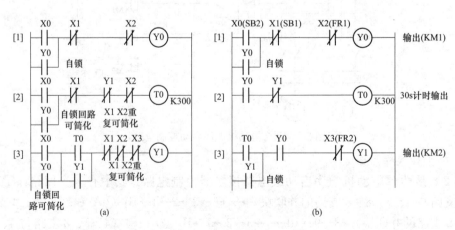

图 2-10 梯形图的修正与简化

(a) 修正梯形图；(b) 简化梯形图

（1）自锁简化规则。自锁简化规则指梯形图中一个经过扫描后的并联回路块，再次出现在梯形图中，可在再次出现的梯形图支路中用一个串联自锁触头替代原并联回路块。

> 自锁简化规则原理：设图 2-10（a）的第 1 支路触头 X0 断开，则线圈 Y0 断电，第 2 支路的自锁触头 Y0 断开，即 Y0＝0，而由于（X0　OR　Y0）＝0，所以简化前后逻辑结果不变。
>
> 又设图 2-10（a）的第 1 支路触头 X0 闭合，则线圈 Y0 通电，第 2 支路的自锁触头 Y0 闭合，即 Y0＝1，而由于此时（X0　OR　Y0）＝1，所以简化前后逻辑结果还是不变。

图 2-10（a）中，第 2、3 支路中出现的并联回路块（X0　OR　Y0）与第 1 支路中的并联（X0　OR　Y0）完全相同，所以可用一个自锁串联触头（Y0）代替原来的并联回路块，如图 2-10（b）的第 2、3 支路。

（2）重复简化规则。重复简化规则指当梯形图支路中出现与线圈编号相同的串联动合触头，且线圈支路居于该支路之前，则该支路中其他串联的动断触头若与线圈支路中串联的动断触头重复，可以省略。

> 重复简化规则原理：设图 2-10（b）第 1 支路中 X0 断开，则线圈 Y0 断电，第 2 支路的辅助动合触头 Y0 断开，导致线圈 T0 断电。省去两个与第 1 支路重复的动断触头 X1、X2 不改变线圈 T0 断电的逻辑结果。
>
> 又设图 2-10（b）第 1 支路中 X0 通电，则线圈 Y0 通电，第 2 支路的辅助动合触头 Y0 闭合，导致线圈 T0 通电。省去两个与第 1 支路重复的动断触头 X1、X2 不改变线圈 T0 通电的逻辑结果。

图 2-10（b）的第 2、3 支路中出现了一个串联动合触头 Y0，由于线圈 Y0 支路位于第 2、3 支路之前，所以图 2-10（a）第 2、3 支路中出现的串联动断触头 X1、X2 与线圈 Y0 支路中的动断触头 X1、X2 重复，在图 2-10（b）的第 2、3 支路中被省略，梯形图得到了简化。

【例 40】　电动机星—三角减压启动控制

1. 电气控制线路分析

图 2-11 所示为电动机星—三角减压启动控制电路。主电路中合上 QS 后，当主触点 KM1 与 KM3 合上、KM2 断开，电动机接成星形连接启动；而当主触点 KM1 与 KM2 合上、KM3 断开，电动机接成三角形连接，进入稳定运行状态。

控制线路中 SB1 是总停开关。主电路中 QS 合上后按下控制线路中的 SB2，线圈 KM1 通电并通过动合辅助触点自锁，线圈 KM3 及 KT 随之通电，主电路中形成主触点 KM1 与 KM3 合上、KM2 断开的状态，电动机接成星形连接，开始减压启动。

当时间继电器 KT 延时时间到达后，线圈 KM3 所在支路断电、线圈 KM2 所在支路通电并自锁，导致主电路中主触点 KM1 与 KM2 闭合、KM3 断开，电动机接成三角形连接，进入稳定运转状态。

继电器接触器控制线路中，电流经入口支路（FR→SB1→SB2 与 KM1 并联块）后，分成了 4 条支路：①KM1 支路；②KM2→KT→KM3 支路；③KM2→KT 支路；④KM3→KT 与 KM2 并联块→KM2 支路。这种形式的电气控制线路可采用主控指令及堆栈操作指令进行梯形图转换。

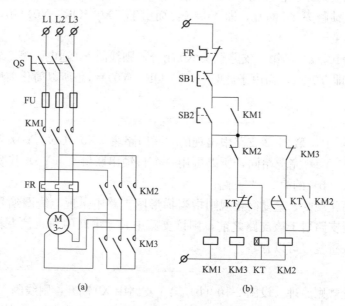

图 2-11　电动机星—三角减压启动控制电路
（a）主电路；（b）控制电路

2. 主控指令梯形图

图 2-12（a）所示为 PLC 实现电动机星—三角减压启动控制的 I/O 接线图，输出接口采用接触器硬件触点 KM2、KM3 互锁接线，将与内部编程元件的互锁一起实现双重互锁功能。

（1）入口支路转换。入口支路由 1 个并联块（X0 OR M1001）及编程元件动断触点 X1、X2 组成，输出处连接主控指令 MC，见梯形图第 1、2 支路。第 3 支路由主控指令辅助继电器触头 M100 新建了一条左母线，新建左母线后再连接 4 条分支路。

（2）分支路逐行转换。图 2-12（b）所示为采用主控指令结合逐行转换法得到的 PLC 控制初步梯形图。根据电气控制线路及梯形图各支路前后关系，选择串联元件最多的 KM2→KT→KM3 支路直接转换为第 3 支路，而 KM1 支路仅有一个输出元件，转换为第 4 支路不符合线圈不直接与左母线相连的规则，需作修正，第 6、7 支路则可以进行简化，第 8 支路起结束主控指令（清除新建左母线）的作用。

（3）梯形图再构与简化。图 2-12（b）中，线圈 Y0 新建左母线直接相连，必须进行再构。从继电器接触器控制逻辑分析，线圈 KM1 接通的条件是线圈 KM3 接通，即当线圈 KM3 接通后，受线圈 KM3 控制的动合辅助触点也将闭合，所以可在第 4 支路中串联一个线圈 KM3 的动合触点，并用线圈 KM1 的动合触点进行自锁。梯形图的再构与简化如图 2-13 所示。

图 2-13 的第 6、7 支路通过省略 T0 与 Y2 并联块（T0 OR Y2）进行支路化简。其化简原理实际上就是线圈 Y2 与 Y1 之间的互锁关系，即只要线圈 Y1 通电，线圈 Y2 就保持

断电，反之，当线圈 Y1 断电，则线圈 Y2 保持通电。因此只要在线圈 Y2 所在支路中串联线圈 Y1 的动断触点即可，支路其余编程元件就可省略。

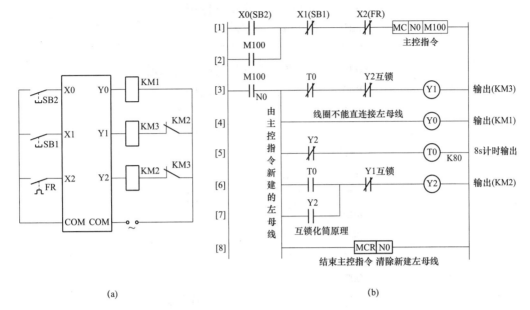

(a)   (b)

图 2-12　主控指令梯形图的初步转换

（a）PLC 的 I/O 接线图；（b）初步梯形图

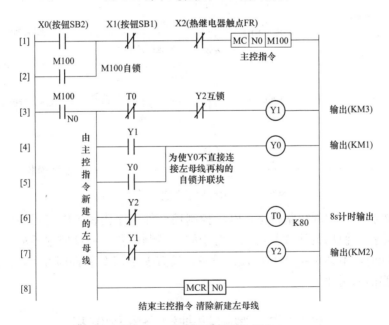

图 2-13　梯形图的再构与简化

3. 堆栈指令梯形图

图 2-14 所示为采用堆栈指令实现的电动机星—三角减压启动控制梯形图，各支路组成元件及其连接与继电器接触器控制线路基本相同，但控制指令程序中则需用堆栈指令编写，其指令程序为：

```
LD        X0      //启动
OR        Y0      //自锁
ANI       X1      //过载保护
ANI       X2      //停止
MPS               //进栈
OUT       Y0      //接通电源接触器
MRD               //读栈
ANI       Y2
MPS               //进栈
ANI       T0
OUT       Y2
MPP               //出栈
AND       T0
OR        Y2
ANI       Y1
OUT       Y2
END               //程序结束
```

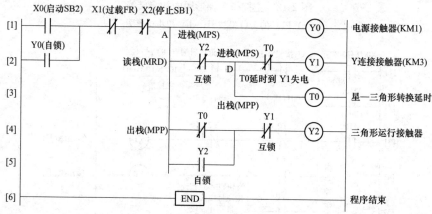

图 2-14　采用堆栈指令实现的梯形图

与继电器接触器控制线路相比，PLC 控制用软件程序代替了电气元件之间的繁杂连线，极大地提高了使用灵活性与可靠；对于同一控制对象，一旦控制要求改变需调整控制系统的功能时，不必改变 PLC 的硬件设备，只需改变 PLC 软件即可实现控制功能的调整，具有极强的通用性。

第二节　逻辑控制综合案例解析

【例 41】　分拣系统

1. 系统简介

如图 2-15 所示，这是一个两种不同产品的分拣系统。首先，把 X24 旋转开关打到 ON 的状态时，两条皮带 Y1 及 Y2 开始正转；然后按一下启动按钮 X20，Y0 就接通机械手将抓起一个箱子放在皮带，然后通过 3 个传感器（分别为 X1-上、X2-中、X3-下）检测物体的大小，如果是大的物体时，分拣器将置为 ON，大的物体就分拣到里面的一个盒子，如果是小的物体时，分拣器将置为 OFF，小的物体就分拣外面的一个盒子。

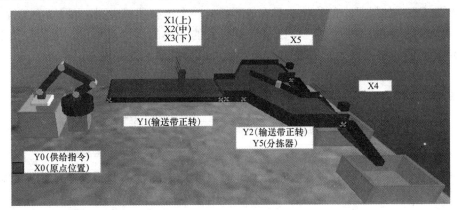

图 2-15　分拣系统示意图

2. 分析

I/O 地址分配见表 2-1。

表 2-1　　　　　　　　　　　　　　　　I/O 分配表

输入		输出	
功能	地址	功能	地址
原点位置传感器	X0	供给指令	Y0
检测物体传感器上	X1	输送带 1 正转	Y1
检测物体传感器中	X2	输送带 2 正转	Y2
检测物体传感器下	X3	分拣器动作	Y5
小的物体检测传感器	X4		
大的物体检测传感器	X5		
启动按钮	X20		
手动旋转开关	X24		

3. 程序

（1）首先把 X24 手动旋转开关打到 ON 的状态后，两条输送带就启动，Y1 和 Y2 ON。

（2）当机械手在原点时，按下启动按钮 X20，Y0 将置为 ON 后机械手将自动抓起一个箱子放在输送带上。

（3）判断物体的大小，首先传感器是分为上中下安装的，这样就可以来判断一个物体的大小，如果是大的物体经过 3 个传感器后，那么 3 个传感器就同时感应到，即 X1、X2、X3 都为 ON；如果是中的，那么只能感应到中间的一个和下面的一个传感器，即 X2、X3 为 ON；如果是小的物体，只有最下面的一个传感器感应到，即 X3 为 ON。那么现在只有大的和小的两种产品，所以只需要写大的和小的程序就可以。大的分拣器就要置为 ON；小的分拣器就为 OFF；这样箱子就可以分拣到不同的地方。

1）判断大的物体。程序如下：

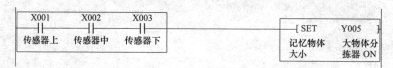

上中下传感器 X1、X2、X3 同时为 ON 时表明是大的物体。所以 3 个输入点就是一个 "与" 的关系。当判断出来物体的大小后要用置位保持。如果用普通线圈那么只在物体感应的瞬间接通一下，虽然判断出来了但是没有保持，那么分拣器只在判断的瞬间动作一下，当物体走过传感器后分拣器马上回到初始位置。就不能分拣出来物体了。

2）判断小的物体。同理可写出小的物体程序，如下：

当下面一个传感器感应带时证明是小的物体，小的物体只需要把分拣器回到初始状态位置，就可以分拣出来，即只要将 Y5 复位就可以了。但这种写法是错误的，这样写的话，当是大的物体时，下面一个传感器不也能感应到了吗，这样就达不到控制目的了。正确的程序如下：

要想避免大的物体经过时不复位 Y5，那么可以把 X1 的动断按钮串联到电路中。最终确定的正确程序如下：

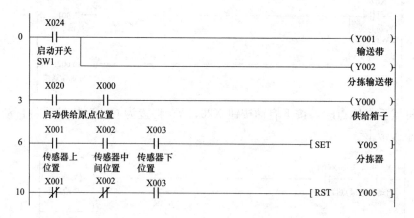

【例42】　水泵控制系统

1. 控制要求

依次控制水泵，按一下启动第1台，再按一下启动第2台，再按一下启动第3台，再按一下全部停止，再按一下启动第1台，如此循环。

2. 分析

（1）当第一次按下启动按钮的时候，可以把按下的次数记忆为1，即当数据等于1时启动一台水泵。因为要保持水泵的启动状态，所以用SET。如果不用SET直接用线圈，那么当第2次按下按钮时，当前数据就为2，第一台水泵就会停止，这样就不能达到控制要求。

（2）第2次按下按钮，数据为2，启动第2台，同样用SET。

（3）第3次按下按钮，数据为3，启动第3台。

（4）此时3台水泵都为ON，第4次按下按钮时，首先要停止3台水泵，还要把当前的数据复位。如果只复位当前水泵，没有复位当前数据的话，那么数据还是保持在所按的次数的当前值，下次启动时就无法比较。

控制流程图如图2-16所示。

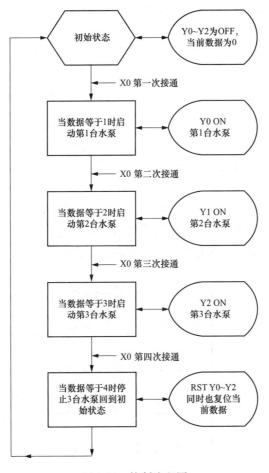

图2-16　控制流程图

3. 程序

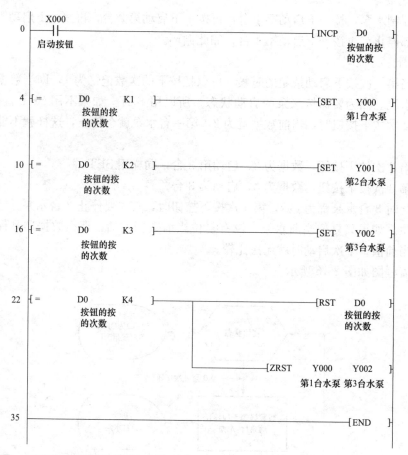

【例43】 5层升降机构的控制系统

1. 控制要求

5层升降机构的控制系统示意图如图 2-17 所示，其中，X1～X5 是每个楼层的感应器，升降机构停在相应的楼层，其对应的楼层信号就会接通。X11～X15 是每个楼层的按钮，任意一层的按钮被按下，则升降机构会移动到相应的楼层。

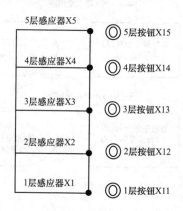

图 2-17　5层升降机构的控制系统示意图

2. 分析

如果用普通顺序编程的话，应该首先判断当前楼层在哪一层，然后根据楼层的按钮信号，判断电梯的动作，定位后复位其信号。下面编写当有人在3层按下按钮 X13 时，升降机构的动作情况，程序如下：

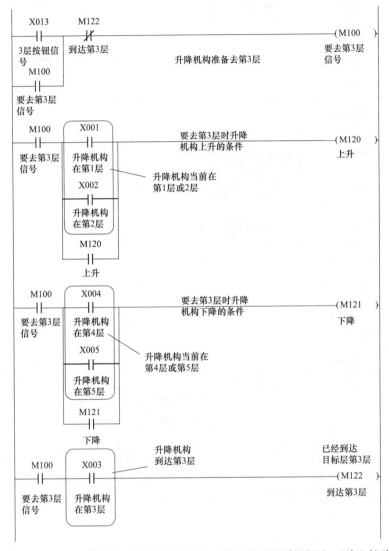

上述程序只是编写了目标去第3层的情况。若要每个层都编写，则比较麻烦，而且当完成的程序编好后，要考虑到升降机构在升降过程中，有人按下楼层按钮时的情况等，就更麻烦了。但是以上的写法其实也是比较好的一种写法，虽然麻烦，但是思路清晰。

本例按照"记忆＋比较"的编程方法来编写程序。此方法在此案例中的原理如下。

（1）升降机构当前的位置可以通过每一层的感应器知道，可以根据感应器信号，分配当前值给升降机构。

（2）按下楼层按钮时，就是要使升降机构去那一层，也就是目标位置确定了。此时可根据不同的目标位置，分配不同的目标值给升降机构。

（3）根据目标位置与当前位置的比较，判断升降机构应该执行什么动作。

3. 程序

```
 X001                     不同层的感应器
 ┤├                        分配不同的当前值
1层感应器                                              ─[MOV   K1    D10 ]
                          升降机构若动作,                       升降机构
 X002                     则感应器也会变化,                      当前值
 ┤├                        因此当前值也会变化
2层感应器                                              ─[MOV   K2    D10 ]

 X003
 ┤├                                                  ─[MOV   K3    D10 ]
3层感应器

 X004
 ┤├                                                  ─[MOV   K4    D10 ]
4层感应器

 X005                     以上程序也就是定义了升降机构
 ┤├                        在1~5层时的当前值分别为1~5
5层感应器                   不同层的按钮按下时
                          分配不同的目标值
 X011                                                ─[MOV   K1    D20 ]
1层按钮信号                                                     升降机构
 X012                     升降机构动作时                         目标值
 ┤├                        目标值不会变化
2层按钮信号                                            ─[MOV   K2    D20 ]

 X013
 ┤├                                                  ─[MOV   K3    D20 ]
3层按钮信号

 X014
 ┤├                                                  ─[MOV   K4    D20 ]
4层按钮信号

 X015                     以上程序定义了目标位置去1~5层
 ┤├                        时的目标值分配也是1~5
5层按钮信号
                          若目标值比当前值大
                          则表示目标要去高层
                          升降机构应该上升
─[>    D20    D10 ]─                                 ─(M100)
    升降机构   升降机构                                          上升
    目标值    当前值       若目标值比当前值小
                          则表明目标要去底层
                          升降机构应该下降
─[<    D20    D10 ]─                                 ─(M101)
    升降机构   升降机构                                          下降
    目标值    当前值
```

4. 说明

按"记忆+比较"方法编程时,当前值与目标值是根据楼层感应器信号及楼层按钮信号分配的,与楼层是同步的。这里特别指出,当前值与目标值不是随便定义的,是根据楼层信号定义的。

【例44】 3层升降机控制系统

1. 控制要求

3层升降机控制系统示意图如图2-18所示。按下启动按钮X20,供给一个箱子,箱子供给后,输送带Y1开始正转。箱子输送到升降小车前3个感应器那里判断大、中、小三种不同尺寸的箱子。

(1) 若是小箱子,则进入升降小车后,在下层,旋转后,出去,感应器X10感应后,

下段输送带正转,箱子掉下后,下层输送带停止。

(2) 若是中箱子,则进入升降小车后,上升至中层,旋转后,出去,感应器 X12 感应后,中层输送带正转,箱子掉下后,中层输送带停止。

(3) 若是大箱子,则进入升降小车后,上升至上层,旋转后,出去,感应器 X12 感应后,上层输送带正转,箱子掉下后,上层输送带停止。

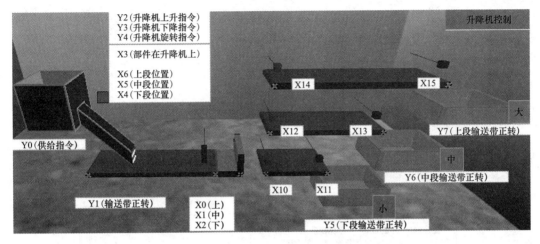

图 2-18   3 层升降机控制系统示意图

2. 分析

此程序可以综合顺序逻辑控制及记忆类方法编程。程序整体是按一定的逻辑一步步运行,在升降机控制时,可用"记忆+判断"方法。

控制流程图如图 2-19 所示。

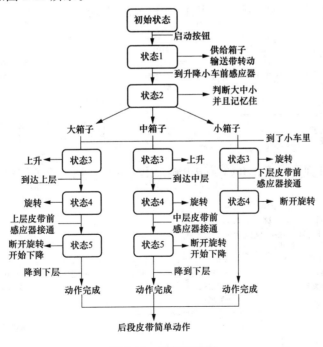

图 2-19   控制流程图

在状态2下面分成3路，分别是大、中、小3种不同尺寸箱子的流程。因为不同的分支，其动作不一样，因此要把它们分成支路来编程。

3. 程序

(1) 按下启动按钮，供给箱子，并让输送带正转。程序如下：

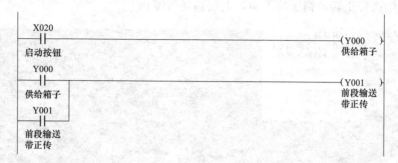

(2) 判断大中小箱子，并通过 M11、M12、M13 作为记忆信号保持。程序如下：

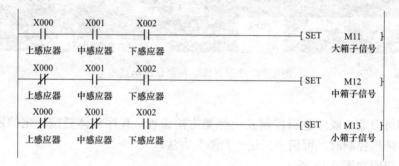

(3) 大箱子到了升降机小车内，开始上升。程序如下：

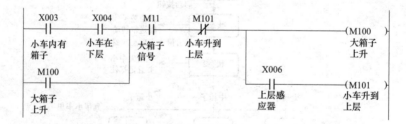

(4) 大箱子升到上层后，开始旋转出料，出完料后，把大箱子信号复位。程序如下：

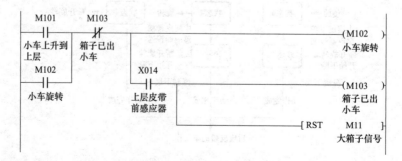

（5）大箱子出料完后，小车下降，降到下层后，下降结束。程序如下：

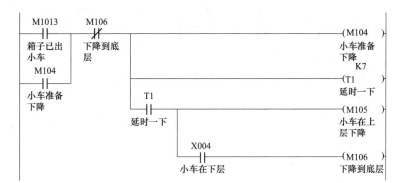

（6）中箱子到了升降机小车内，开始上升。程序如下：

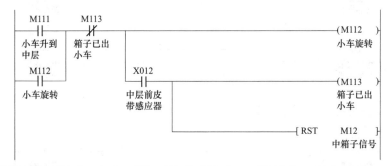

（7）中箱子升到中层后，开始旋转出料，出完料后，把中箱子信号复位。程序如下：

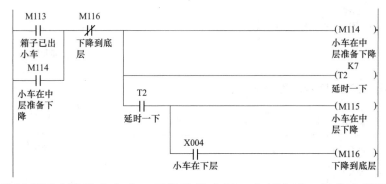

（8）中箱子出料完后，小车下降，降到下层后，下降结束。程序如下：

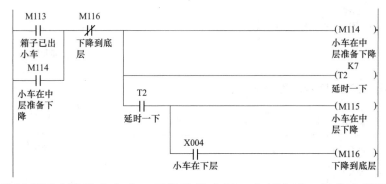

（9）小箱子到了升降机小车内，开始旋转出料，出料完后，复位小箱子信号。程序如下：

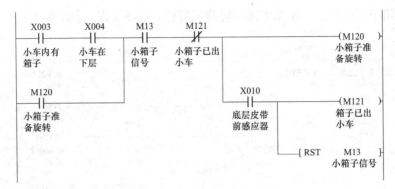

（10）上层皮带控制。程序如下：

```
 X014
 ─┤├─                                    ─[ SET    Y007 ]
上层皮带                                      上层输送
前感应器                                      带正转

 X015
 ─┤↓├─                                   ─[ RST    Y007 ]
上层皮带                                      上层输送
后感应器                                      带正转
```

（11）中层皮带控制。程序如下：

```
 X012
 ─┤├─                                    ─[ SET    Y006 ]
中层前皮                                      中层输送
带感应器                                      带正转

 X013
 ─┤↓├─                                   ─[ RST    Y006 ]
中层皮带                                      中层输送
后感应器                                      带正转
```

（12）下层皮带控制。程序如下：

```
 X010
 ─┤├─                                    ─[ SET    Y005 ]
底层皮带                                      底层输送
前感应器                                      带正转

 X011
 ─┤↓├─                                   ─[ RST    Y005 ]
底层皮带                                      底层输送
后感应器                                      带正转
```

（13）小车的输出信号。程序如下：

```
 M100
 ─┤├─                                        ─(Y002 )
大箱子上升                                      小车上升

 M110
 ─┤├─
中箱子上升
```

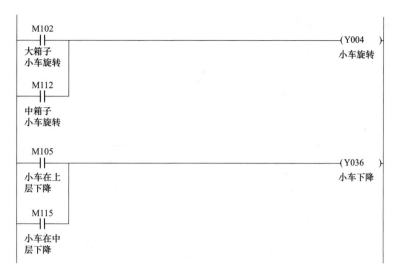

【例45】 小车的来回动作控制

1. 控制要求

送料小车示意图如图 2-20 所示。初始位置在 A 点，按下启动按钮，在 A 点装料，装料时间 5s，装完料后驶向 B 点卸料，卸料时间是 7s，卸完后又返回 A 点装料，装完后驶向 C 点卸料，按如此规律分别给 B、C 两点送料，循环进行。当按下停止按钮时，一定要送完当前周期后方可停止（回到 A 点）。

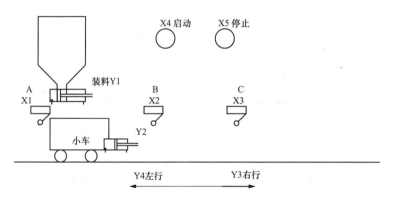

图 2-20 送料小车示意图

2. 分析

I/O 地址分配见表 2-2。

表 2-2   I/O 分配表

输入		输出	
功能	地址	功能	地址
原点位置	X1	装料输出信号	Y1
B 点位置	X2	卸料输出信号	Y2
C 点位置	X3		
启动按钮	X4		
停止按钮	X5		

根据要求，绘制的流程图如图 2-21 所示。

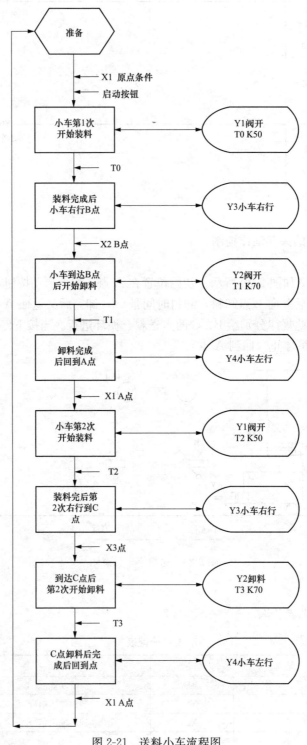

图 2-21 送料小车流程图

在第 1 次小车装完料后，经过 B 点时要停止，并开始卸料。在第 2 次小车装完料后，要去 C 点卸料，但是途中也会经过 B 点，但此时不应卸料，应该继续向前运动，直到 C

点才开始卸料。

3. 程序

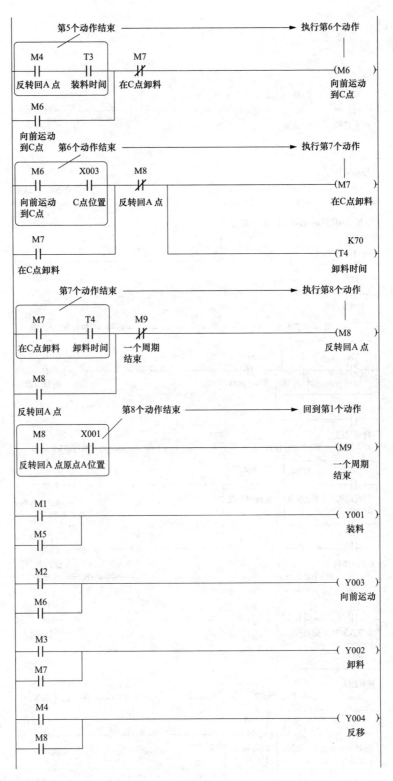

4. 说明

本例程序，一个动作完成，执行下一个动作，同时把上一个动作断开。这样程序就可以按照指定的动作执行下去，不会出现中间动作异常的情况。

【例 46】 组合气缸的来回动作

1. 控制要求

组合气缸的动作状态图如图 2-22 所示。

（1）初始状态时，气缸 1 及气缸 2 都处于缩回状态。在初始状态，当按下启动按钮，进入状态 1。

（2）状态 1：气缸 1 伸出，伸出到位后，停 2s 后，然后进入状态 2。

（3）状态 2：气缸 2 也伸出，伸出到位后，停 2s 后，然后进入状态 3。

（4）状态 3：气缸 2 缩回，缩到位后，停 2s，然后进入状态 4。

（5）状态 4：气缸 1 缩回，缩到位后，停 2s，然后有开始进行状态 1，如此循环动作。

（6）在气缸动作过程中，若按下停止按钮，气缸完成一个动作周期，回到初始状态后，才能停止。

2. 分析

I/O 地址分配见表 2-3。

表 2-3   I/O 分配表

输入		输出	
功能	地址	功能	地址
启动按钮	X0	气缸 1 伸出	Y0
停止按钮	X1	气缸 1 缩回	Y1
气缸 1 缩到位	X2	气缸 2 伸出	Y2
气缸 1 伸到位	X3	气缸 2 缩回	Y3
气缸 2 缩到位	X4		
气缸 2 伸到位	X5		

绘制动作流程图，如图 2-23 所示。

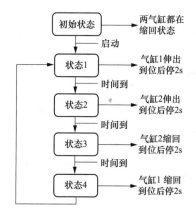

图 2-23 组合气缸的流程图

61

3. 程序

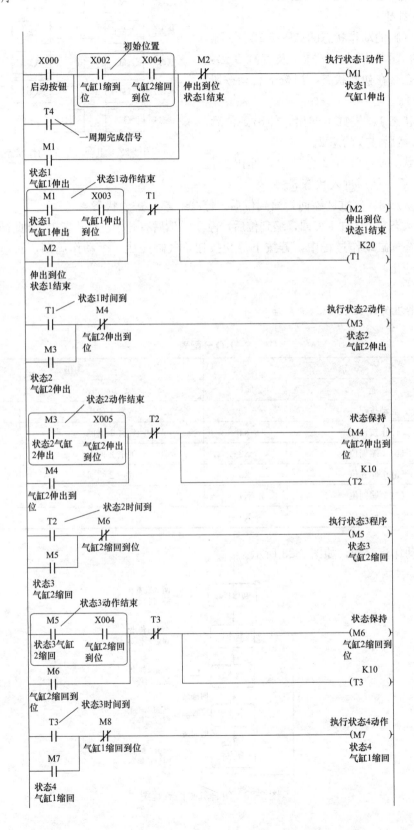

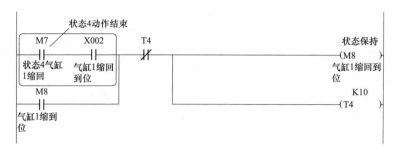

4. 说明

本例的程序若按照一般写法，运行时会遇到很多问题。在图 2-22 中可以看到，状态 1 及状态 3 的信号是一模一样的，因此此程序若直接根据信号来编写程序肯定会出现问题。程序的输出信号如下：

【例 47】 液体混合装置控制系统

1. 控制要求

液体混合装置如图 2-24 所示，上限位、下限位和中限位液体传感器被液体淹没时为 1 状态，阀 A、阀 B 和阀 C 为电磁阀，线圈通电时打开，线圈断电时关闭。开始时容器是空的，各阀门均关闭，各传感器均为 0 状态。

（1）按下启动按钮，打开阀 A，液体 A 流入容器，中限位开关变为 ON 时，关闭阀 A，打开阀 B，液体 B 流入容器。

（2）液面升到上限位开关时，关闭阀 B，电动机 M 开始运行，搅拌液体。

（3）60s 后停止搅拌，打开阀 C，放出混合液。

（4）当液面下降至下限位开关之后再 5s，容器放空，关闭阀 C，打开阀 A，又开始下一周期的操作。

（5）按下停止按钮，当前工作周期的操作结束后，才停止操作，系统返回初始状态。

2. 分析

I/O 地址分配表见表 2-4。

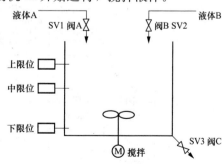

图 2-24 液体混合装置示意图

表 2-4   I/O 分配表

输入		输出	
功能	地址	功能	地址
启动按钮	X0	阀门 A	Y0
停止按钮	X1	阀门 B	Y1
下限位开关	X2	阀门 C	Y2
中限位开关	X3	电动机 M	Y3
上限位开关	X4		

动作状态分析如下：

（1）步骤1：系统启动后，在空槽情况下阀门 A 立即打开。

（2）步骤2：当液位到达中限位开关时，阀门 A 关闭，同时阀门 B 打开。

（3）步骤3：当液位到达上限位开关时，阀门 B 关闭，同时搅拌机动作，开始搅拌。

（4）步骤4：搅拌定时时间 60s 到了之后，停止搅拌，并且打开阀门 C。

（5）步骤5：当液位脱离下限位时开始定时，定时时间到了之后，关闭阀门 C。

（6）步骤6：当步骤 5 定时时间 5s 到了后，开始下一轮进程的开始（重新启动步骤1）。

（7）步骤7：按下停止按钮，当前工作周期的操作结束后，才停止操作，系统返回初始状态。

3. 程序

（1）步骤1。程序如下：

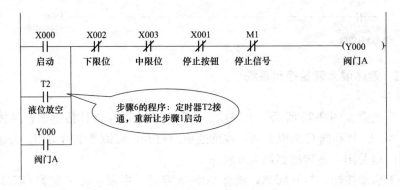

（2）步骤2。程序如下：

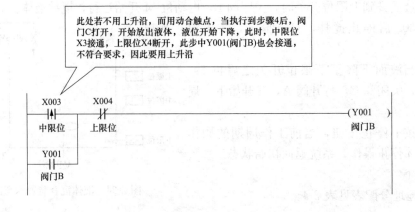

（3）步骤3。程序如下：

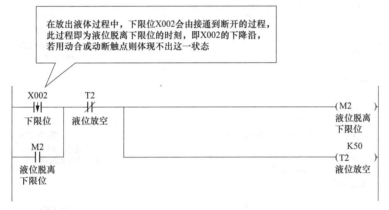

（4）步骤4。程序如下：

（5）步骤5。程序如下：

在放出液体过程中，下限位X002会由接通到断开的过程，此过程即为液位脱离下限位的时刻，即X002的下降沿，若用动合或动断触点则体现不出这一状态

（6）程序最后的T2接通，说明程序完成了一个周期，用T2来启动步骤1的程序，回到步骤1，这样就可以循环了。

【例48】 组合机床动力头运动控制

1. 控制要求

组合机床动力头运动控制原理图如图2-25所示。该机床动力头运动由液压驱动，电磁阀SV1得电，则主轴前进，失电则后退。同时，还用电磁阀SV2控制前进及后退的速度，得电则快速，失电则慢速。机床工作流程如下。

（1）从原始位置（LS1）开始工作，按下启动按钮，动力头先快进。

（2）快进到行程开关LS2接通，转为工进（慢速前进）。

（3）加工到一定深度，LS3接通，开始快退。

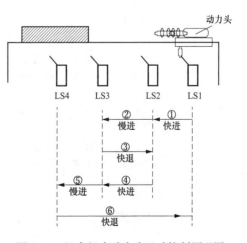

图2-25 组合机床动力头运动控制原理图

（4）退至 LS2 刚断开（目的为排屑），开始快进。

（5）快进至 LS3 接通，又转为工进。

（6）加工到 LS4 接通，加工完成，快退至 LS1 位置停止。

2. 分析

I/O 地址分配见表 2-5。

表 2-5   **I/O 分配表**

输入		输出	
功能	地址	功能	地址
启动按钮	X000	电磁阀 SV1	Y001
行程开关 LS1	X001	电磁阀 SV2	Y002
行程开关 LS2	X002		
行程开关 LS3	X003		
行程开关 LS4	X004		

3. 程序

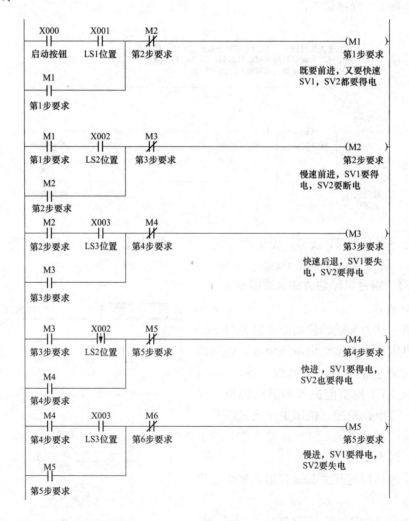

66

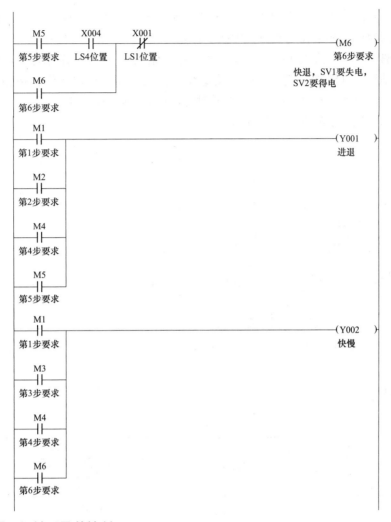

【例49】　机械手及其控制

1. 控制要求

某台工件传送的气动机械手工作示意图如图 2-26 所示。其作用是将工件从 A 点传递到 B 点。气动机械手的升降和左右移行动作分别由两个具有双线圈的两位电磁阀驱动气缸来完成，其中上升与下降对应电磁阀的线圈分别为 YV1 与 YV2，左行与右行对应电磁阀的线圈分别为 YV3 与 YV4。一旦电磁阀线圈通电，就一直保持现有的动作，直到相对的另一线圈通电为止。气动机械手的夹紧、松开动作由只有一个线圈的两位电磁阀驱动的气缸完成，线圈（YV5）断电夹住工件，线圈（YV5）通电，松开工件，以防止停电时的工件跌落。机械手的工作臂都设有上、下限位和左、右限位的位置开关 SQ1、SQ2 和 SQ3、SQ4，夹持装置不带限位开关，而是通过一定的延时来表示其夹持动作的完成。机械手在最上面和最左边，除松开的电磁线圈（YV5）通电外其他线圈全部断电的状态为机械手的原位。

机械手具有手动、单步、单周期、连续和回原位 5 种工作方式，用开关 SA 进行选择。手动工作方式时，用各操作按钮（SB5、SB6、SB7、SB8、SB9、SB10、SB11）来点动执行相应的各动作；单步工作方式时，每按一次启动按钮（SB3），向前执行一步动作；

单周期工作方式时，机械手在原位，按下启动按钮SB3，自动地执行一个工作周期的动作，最后返回原位（如果在动作过程中按下停止按钮SB4，机械手停在该工序上，再按下启动按钮SB3，则又从该工序继续工作，最后停在原位）；连续工作方式时，机械手在原位，按下启动按钮（SB3），机械手就连续重复进行工作（如果按下停止按钮SB4，机械手运行到原位后停止）；返回原位工作方式时，按下"回原位"按钮SB11，机械手自动回到原位状态。机械手的操作面板分布图如图2-27所示。

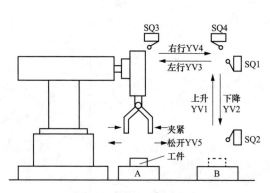

图2-26 机械手工作示意图

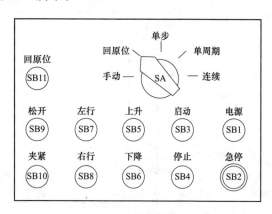

图2-27 机械手的操作面板分布图

2. 分析

I/O地址分配见表2-6。

表2-6   I/O分配表

输入		输出	
功能	地址	功能	地址
手动方式	X0	机械手右移	Y0
单步方式	X1	机械手左移	Y1
回原点方式	X2	机械手下降	Y2
单周期方式	X3	机械手上升	Y3
连续方式	X4	机械手夹紧	Y4
手动上升	X5	机械手松开	Y5
手动下降	X6		
手动右移	X7		
手动夹紧	X11		
手动松开	X12		
原点复位	X13		
自动启动	X14		
手动左移	X15		
机械手左限	X20		
机械手右限	X21		
机械手上限	X22		
机械手下限	X23		
机械手松开限	X25		

3. 程序

(1) 手动方式。程序如下：

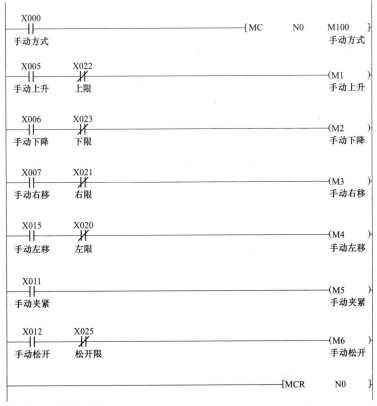

(2) 单步方式。程序如下：

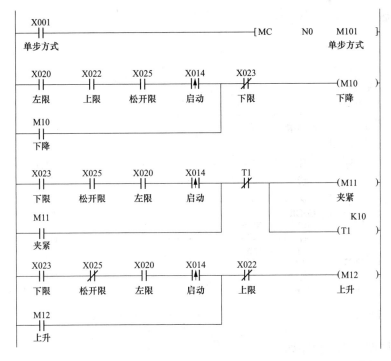

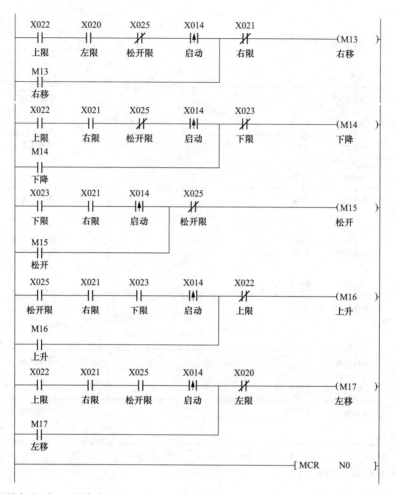

（3）回原点方式。程序如下：

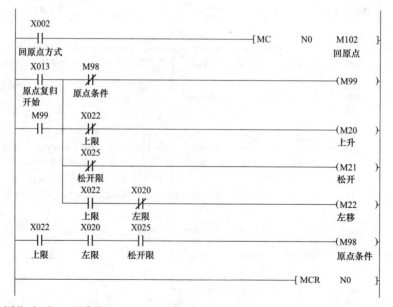

（4）单周期方式。程序如下：

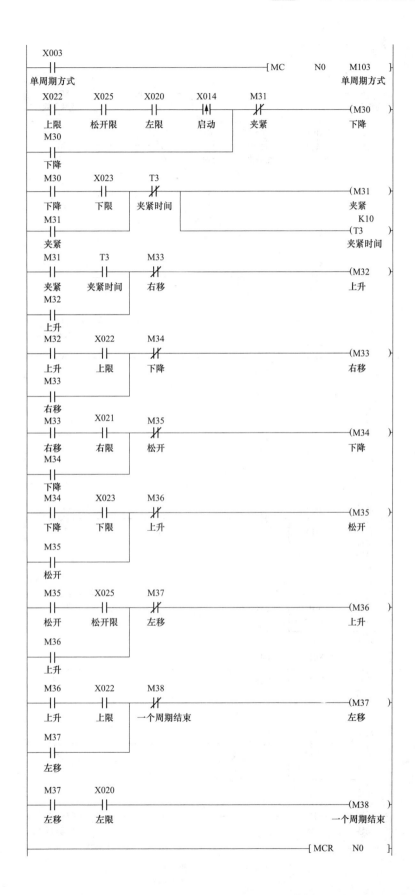

（5）连续方式。程序如下：

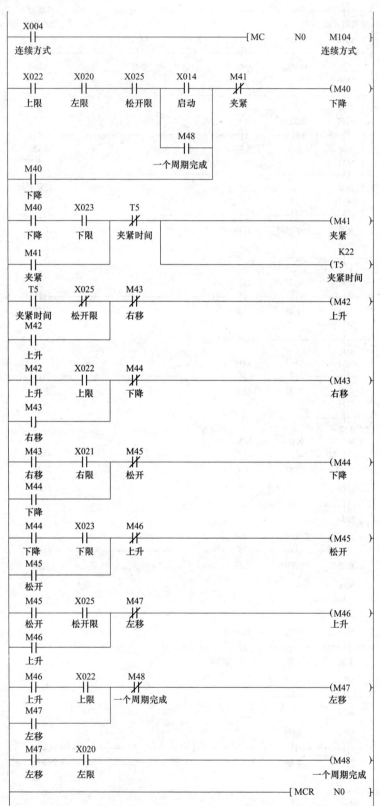

（6）输出信号。程序如下：

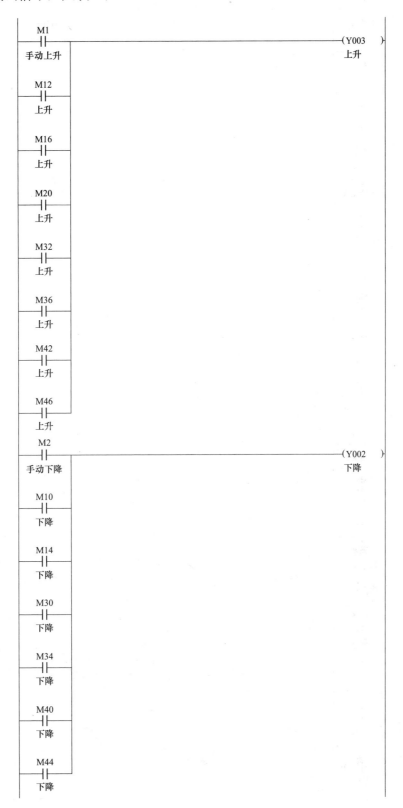

```
    M3                                              ( Y000 )
  ──┤├──                                              右移
  手动右移
    M13
  ──┤├──
   右移
    M33
  ──┤├──
   右移
    M43
  ──┤├──
   右移
    M4                                              ( Y001 )
  ──┤├──                                              左移
  手动左移
    M17
  ──┤├──
   左移
    M22
  ──┤├──
   左移
    M37
  ──┤├──
   左移
    M47
  ──┤├──
   左移
    M5                                              ( Y004 )
  ──┤├──                                              夹紧
  手动夹紧
    M11
  ──┤├──
   夹紧
    M31
  ──┤├──
   夹紧
    M41
  ──┤├──
   夹紧
    M6                                              ( Y005 )
  ──┤├──                                              松开
  手动松开
    M15
  ──┤├──
   松开
    M21
  ──┤├──
   松开
    M35
  ──┤├──
   松开
    M45
  ──┤├──
   松开
```

【例50】 通风系统

1. 控制要求

某通风系统中，有4台电动机驱动4台风机运转。为了保证工作人员的安全，一般要求至少3台电动机同时运行。因此用绿、黄、红3色柱状指示灯来对电动机的运动状态进行指示。控制要求：当3台以上电动机同时运行时，绿灯亮，表示系统通风良好；当2台电动机同时运行时黄灯亮，表示通风状况不佳，需要改善；少于2台电动机运行时红灯亮起并闪烁，发出警告，表示通风太差，需马上排除故障或进行人员疏散。

2. PLC外部接线图

PLC外部接线图如图2-28所示。

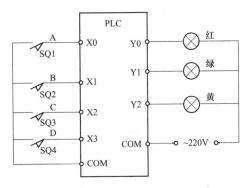

图2-28　PLC外部接线图

3. 程序

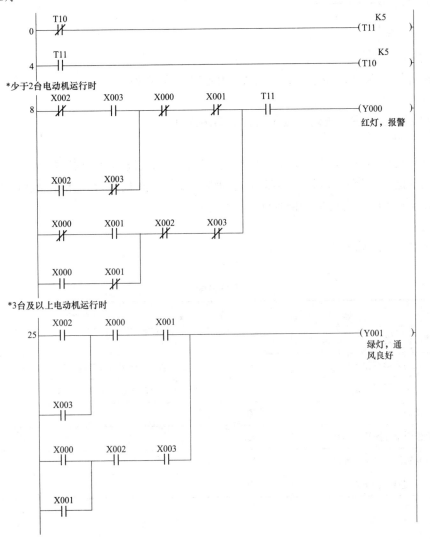

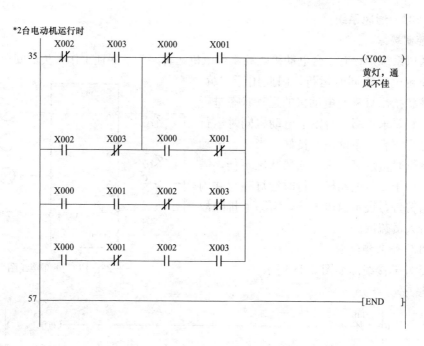

4. 说明

在红灯控制程序中用闪烁控制程序（由定时器 T10 和 T11 构成），用来发生秒脉冲，以实现红灯闪烁。

【**例 51**】 **三相异步电动机位置与自动循环控制**

1. 控制要求

按下启动按钮 SB1，电动机 M1 启动正向运行，当前进到 A 地点时，电动机 M1 自动停止并反向运行；当后退到 B 地点时，电动机 M1 恢复正向运行，此过程进行自动循环。按下停止按钮 SB2，电动机停止运行。

2. 分析

I/O 地址分配见表 2-7。

表 2-7　　　　　　　　　　　　　　　I/O 分配表

输入		输出	
功能	地址	功能	地址
正向启动按钮 SB1	X0	电动机正向运行接触器 KM1	Y0
停止按钮 SB2	X1	电动机反向运行接触器 KM2	Y1
反向启动按钮 SB3	X2		
前进到位行程开关 SQ1	X3		
后退到位行程开关 SQ2	X4		
过载保护 FR	X5		

3. 程序

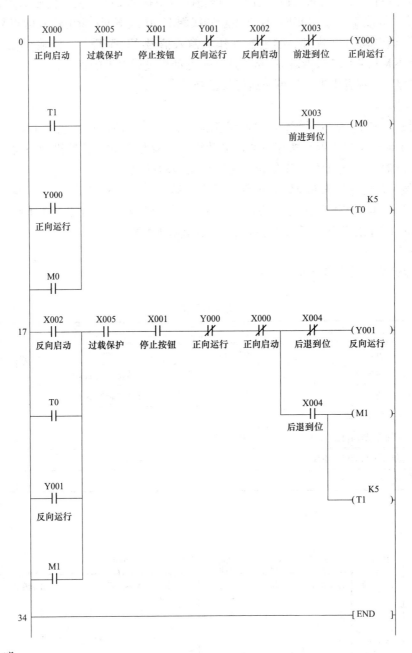

4. 说明

按下正向启动按钮SB1，输入信号X000有效，使输出信号Y000为ON，控制接触器KM1的线圈通电，其触点闭合电动机正向启动运行；当前进至A处压下行程开关SQ1，输入信号X003有效，切断输出信号Y000，接触器KM1断电复位，同时接通定时器T0，经过0.5s延时，其动合触点使输出信号Y001为ON，控制接触器KM2的线圈通电，其触点闭合电动机反向启动运行。当后退至B处压下行程开关SQ2，输入信号X004有效，切断输出信号Y001。接触器KM2断电复位，同时接通定时器T1，经过0.5s延时，其动合触点使输出信号 Y000 为 ON,控制接触器 KM1 的线圈通电,其触点闭合电动机正向启动运行,进行往复运行重复以上过程。停止时按下按钮 SB2,输入信号 X001 有效,则输出信号 Y000 或 1001 为 OFF,控制接触器线圈 KMI 或 KM2 断电,其触点复位电动机停止运行。当电动机过载时热继电器动作,输入信号 X005 断开,使输出信号 Y000 或 Y001 切断 KM1 或 KM2 的线圈回路,达到对电动机过载保护的目的。

【例 52】 三相异步电动机可逆运行反接制动

1. 控制要求

(1) 按下正向启动按钮 SB1,电动机正向运行,当电动机转速达到 120r/min 时速度继电器 KS1 动作。按下停止按钮 SB2,电动机进行反接制动,转速迅速下降,当转速低于 100r/min 时速度继电器 KS1 复位,完成正向制动过程。

(2) 按下反向启动按钮 SB3,电动机反向运行,当电动机转速达到 120r/min 时速度继电器 KS2 动作。按下停止按钮 SB2,电动机进行反接制动,转速迅速下降,当转速低于 100r/min 时速度继电器 KS2 复位,完成反向制动过程。

2. 分析

I/O 地址分配表见表 2-8。

表 2-8   I/O 分配表

输入		输出	
功能	地址	功能	地址
正向启动按钮 SB1	X0	正转接触器 KM1	Y0
反向启动按钮 SB2	X1	反转接触器 KM2	Y1
停止按钮 SB3	X2		
速度继电器正转制动触点 KS1	X3		
速度继电器反转制动触点 KS2	X4		
长期过载保护 FR	X5		

3. 程序

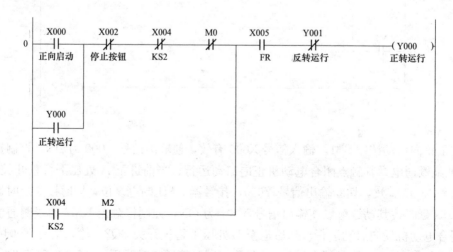

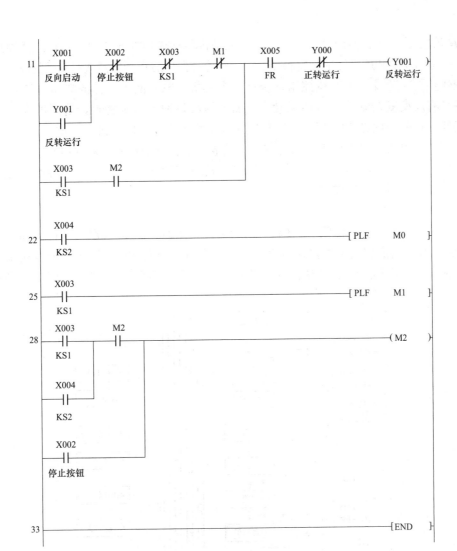

4. 说明

按下正向启动按钮 SB1，输入信号 X000 有效，输出信号 Y000 为 ON，接触器 KM1 通电，电动机正向启动运行，当电动机转速达到 120r/min 时速度继电器 KS1 动作，为停止时反接制动做好准备。当按下停止按钮 SB3 时，输入信号 X002 有效，使输出信号 Y000 断开，接触器 KM1 断电复位；此时由于速度继电器的触点 KS1 已经闭合，即输入信号 X003 有效，当 Y000 的动断触点复位后，按下停止按钮 SB3 后，中间继电器 M2 也同时接通为 ON，在 X003 和 M2 的共同作用下使输出信号 Y001 为 ON，控制接触器 KM2 通电，电动机的电源相序反接，产生反向力矩进行反接制动，转速迅速下降，当转速低于 100r/min 时，速度继电器 KS1 复位，输入信号 X003 断开，通过下降沿脉冲指令 PLF，在其下降沿产生脉冲信号 M0，使输出信号 Y001 的自锁回路断开，正向停止的反接制动过程结束，反向制动过程与正向停止的反接制动过程类似。

【例 53】 注塑成型生产线控制系统

1. 注塑成型控制系统简介

在塑胶制品中，以制品的加工方法不同来分类，主要可以分为四大类：①注塑成型产品；②吹塑成型产品；③挤出成型产品；④压延成型产品。其中应用面最广、品种最多、精密度最高的当数注塑成型产品类。注塑成型机是将各种热塑性或热固性塑料经过加热熔化后，以一定的速度和压力注射到塑料模具内，经冷却保压后得到所需塑料制品的设备。

现代塑料注塑成型生产线控制系统是一个集机、电、液于一体的典型系统，由于这种设备具有成型复杂制品、后加工量少、加工的塑料种类多等特点，自问世以来，发展极为迅速，目前全世界80％以上的工程塑料制品均采用注塑成型机进行加工。

目前，常用的注塑成型控制系统有传统继电器型、可编程控制器（PLC）型和微机控制型3种。近年来，可编程序控制器（PLC）型以其高可靠性、高性能的特点，在注塑成型控制系统中得到了广泛应用。

2. 控制要求

注塑成型生产工艺一般要经过闭模、射台前进、注射、保压、预塑、射台后退、开模、顶针前进、顶针后退和复位等操作工序。这些工序由8个电磁阀YV1～YV8来控制完成，其中注射和保压工序还需要一定的时间延迟。注塑成型生产线工艺流程图如图2-29所示。

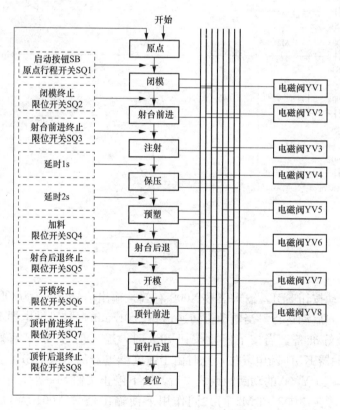

图2-29 注塑成型生产线工艺流程图

3. 分析

从图2-29可以看出，各操作都是由行程开关控制相应电磁阀进行转换的。注塑成型生产工艺是典型的顺序控制，可以采用多种方式完成控制：①采用置位/复位指令和定时器指令；②采用移位寄存器指令和定时器指令；③采用步进指令和定时器指令。本例中将采用步进指令和定时器指令来实现此控制。

从图2-29中可知，整个流程由10步完成，在程序中需使用状态元件S0～S21～S29。首次扫描M8002位闭合，激活S0。延时1s可由T0控制，预置值为10；延时2s可由T1

控制，预置值为20。

根据控制要求及控制分析可知，该系统需要 10 个输入点和 8 个输出点，I/O 地址分配见表 2-9 所示，其控制流程图如图 2-30 所示。

表 2-9 I/O 分配表

输入		输出	
功能	地址	功能	地址
启动按钮 SB0	X0	电磁阀 1 YV1	Y0
停止按钮 SB1	X1	电磁阀 2 YV2	Y1
原点行程开关 SQ1	X2	电磁阀 3 YV3	Y2
闭膜终止限位开关 SQ2	X3	电磁阀 4 YV4	Y3
射台前进终止限位开关 SQ3	X4	电磁阀 5 YV5	Y4
加料限位开关 SQ4	X5	电磁阀 6 YV6	Y5
射台后退终止限位开关 SQ5	X6	电磁阀 7 YV7	Y6
开模终止限位开关 SQ6	X7	电磁阀 8 YV8	Y7
顶针前进终止限位开关 SQ7	X10		
顶针后退终止限位开关 SQ8	X11		

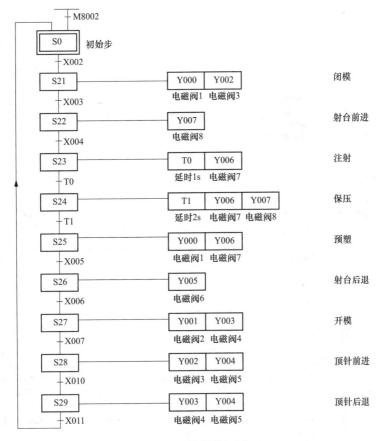

图 2-30 控制流程图

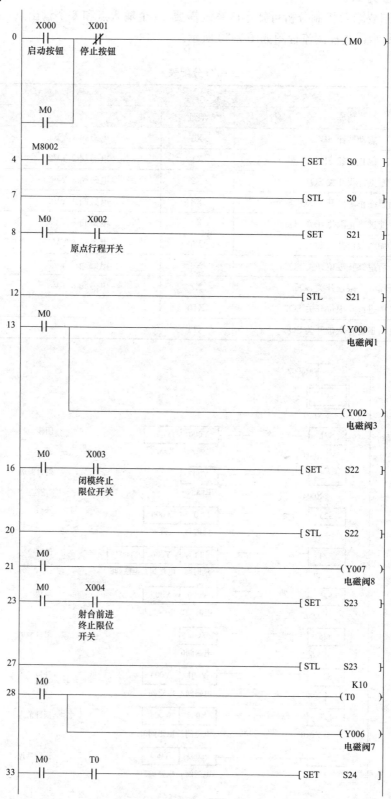

4. 程序

```
0    X000      X001                                          ( M0  )
     启动按钮   停止按钮

     M0
     ├┤

4    M8002                                        [ SET    S0  ]
     ├┤

7                                                 [ STL    S0  ]

8    M0        X002                               [ SET    S21 ]
     ├┤        ├┤
               原点行程开关

12                                                [ STL    S21 ]

13   M0                                                    ( Y000 )
     ├┤                                                     电磁阀1

                                                           ( Y002 )
                                                            电磁阀3

16   M0        X003                               [ SET    S22 ]
     ├┤        ├┤
               闭模终止
               限位开关

20                                                [ STL    S22 ]

21   M0                                                    ( Y007 )
     ├┤                                                     电磁阀8

23   M0        X004                               [ SET    S23 ]
     ├┤        ├┤
               射台前进
               终止限位
               开关

27                                                [ STL    S23 ]

                                                            K10
28   M0                                                    ( T0  )
     ├┤
                                                           ( Y006 )
                                                            电磁阀7

33   M0        T0                                 [ SET    S24 ]
     ├┤        ├┤
```

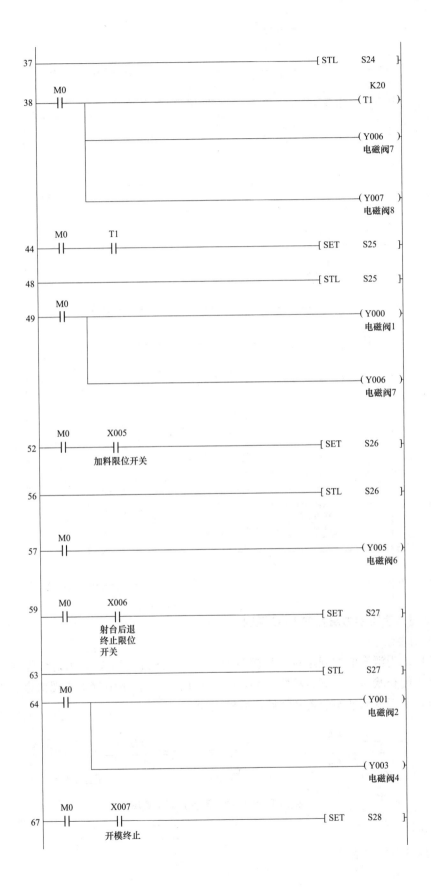

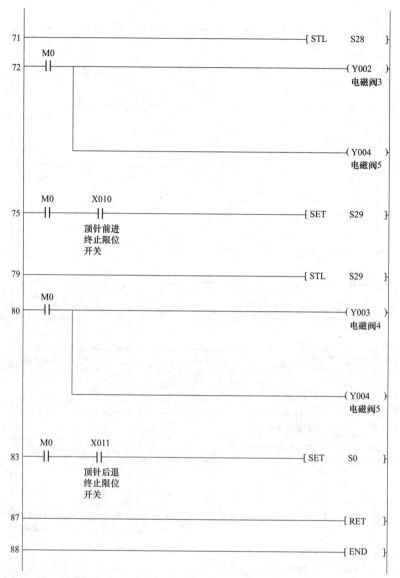

【例54】 液压动力滑台的 PLC 控制

1. 控制要求

某液压动力滑台的控制示意图如图 2-31 所示。初始状态下，动力滑台停在右端，限位开关处于闭合状态。按下启动按钮 SB 时，动力滑台在各步中分别实现快进、工进、暂停和快退，最后返回初始位置和初始步后停止运动。

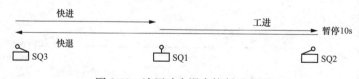

图 2-31 液压动力滑台控制示意图

2. 分析

I/O 地址分配见表 2-10。

表 2-10   I/O 分配表

输入		输出	
功能	地址	功能	地址
启动 SB	X0	工进控制 KM1	Y0
快进转工进 SQ1	X1	快进控制 KM2	Y1
暂停控制 SQ2	X2	后退控制 KM3	Y2
循环控制 SQ3	X3		

3. 程序

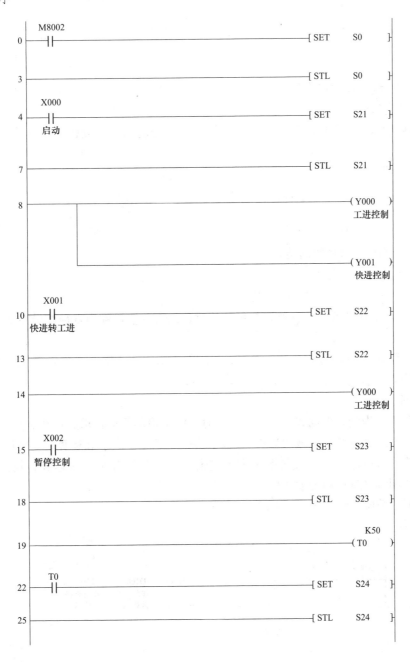

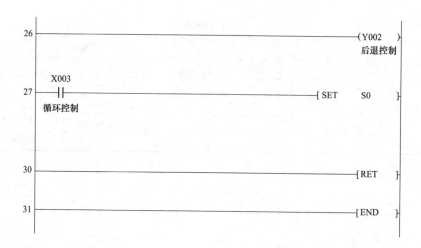

【例55】 线材均匀度在线检测

1. 均匀度简述

描述线材均匀度的指标通常有质量均匀度和直径均匀度。直径均匀度指标的计算公式为

$$CV_a(\%) = \frac{\sqrt{\dfrac{\sum(X_i - \overline{X})^2}{n}}}{\overline{X}} \times 100\% \qquad (2\text{-}1)$$

式中　$CV_a(\%)$——直径变异系数；

$\quad\quad\quad X_i$——直径瞬时值；

$\quad\quad\quad \overline{X}$——直径平均值；

$\quad\quad\quad n$——检测点数（样本数）。

式（2-1）是标准差（均方差）与平均值之比的百分值，称为直径变异系数。通常，n不少于200点。

在线检测中使用对射式激光传感器，分辨率为2μm，放大器的运算周期为150μs。PLC采样周期设置为1ms，即每秒采集1000点。

2. 分析

以n取200为例，根据式（2-1），需要对200个检测值进行求和运算和除法运算，得到平均值；之后进行200次减法运算、200次平方运算、1次求和运算、1次除法运算、1次开方运算，求得标准差（均方差）；最后进行1次除法运算和乘法运算，得到线材直径变异系数，即线材直径均匀度指标。

为了减少篇幅，设采样点$n=10$。

3. 程序

```
    M8000
8 ──┤├──────────────────────────────────[ SUB    D100      D200      D210    ]
    │                                            线材直径  线材直径  线材直径
    │                                            采样点1    平均值    偏差1平
    │                                                                方运算
    │
    ├──────────────────────────────────────[ MUL    D210      D210      D300    ]
    │                                            线材直径  线材直径
    │                                            偏差1平    偏差1平
    │                                            运算      运算
    │
    ├──────────────────────────────────────[ SUB    D101      D200      D212    ]
    │                                            线材直径  线材直径
    │                                            采样点2    平均值
    │
    ├──────────────────────────────────────[ MUL    D212      D212      D302    ]
    │
    ├──────────────────────────────────────[ SUB    D102      D200      D214    ]
    │                                            线材直径  线材直径
    │                                            采样点3    平均值
    │
    ├──────────────────────────────────────[ MUL    D214      D214      D304    ]
    │
    ├──────────────────────────────────────[ SUB    D103      D200      D216    ]
    │                                            线材直径  线材直径
    │                                            采样点4    平均值
    │
    ├──────────────────────────────────────[ MUL    D216      D216      D306    ]
    │
    ├──────────────────────────────────────[ SUB    D104      D200      D218    ]
    │                                            线材直径  线材直径
    │                                            采样点5    平均值
    │
    ├──────────────────────────────────────[ MUL    D218      D218      D308    ]
    │
    ├──────────────────────────────────────[ SUB    D105      D200      D220    ]
    │                                            线材直径  线材直径
    │                                            采样点6    平均值
    │
    ├──────────────────────────────────────[ MUL    D220      D220      D310    ]
    │
    ├──────────────────────────────────────[ SUB    D106      D200      D222    ]
    │                                            线材直径  线材直径
    │                                            采样点7    平均值
    │
    ├──────────────────────────────────────[ MUL    D222      D222      D312    ]
    │
    ├──────────────────────────────────────[ SUB    D107      D200      D224    ]
    │                                            线材直径  线材直径  线材直径
    │                                            采样点8    平均值    偏差8
    │
    ├──────────────────────────────────────[ MUL    D224      D224      D314    ]
    │                                            线材直径  线材直径  采样点8
    │                                            偏差8      偏差8      偏差平方
    │                                                                运算
    │
    ├──────────────────────────────────────[ SUB    D108      D200      D226    ]
    │                                            线材直径  线材直径
    │                                            采样点9    平均值
    │
    ├──────────────────────────────────────[ MUL    D226      D226      D316    ]
    │
    ├──────────────────────────────────────[ SUB    D109      D200      D228    ]
    │                                            线材直径  线材直径
    │                                            采样点10  平均值
    │
    └──────────────────────────────────────[ MUL    D228      D228      D318    ]
```

* 将10个直径偏差平方值传送到编号连续的10个寄存器中

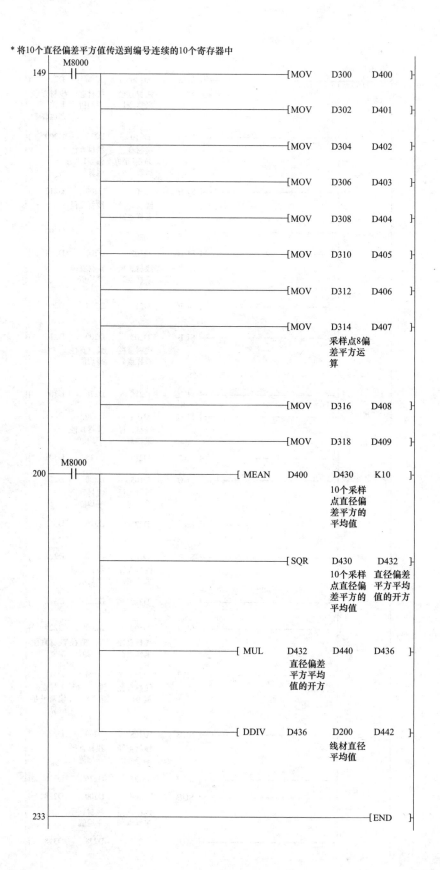

149 ── M8000 ──┤├── ─────────────────────────────[MOV D300 D400]

─────────────────────────────[MOV D302 D401]

─────────────────────────────[MOV D304 D402]

─────────────────────────────[MOV D306 D403]

─────────────────────────────[MOV D308 D404]

─────────────────────────────[MOV D310 D405]

─────────────────────────────[MOV D312 D406]

─────────────────────────────[MOV D314 D407]
采样点8偏
差平方运
算

─────────────────────────────[MOV D316 D408]

─────────────────────────────[MOV D318 D409]

200 ── M8000 ──┤├── ─────────────────────[MEAN D400 D430 K10]
10个采样
点直径偏
差平方的
平均值

─────────────────────[SQR D430 D432]
10个采样   直径偏差
点直径偏   平方平均
差平方的   值的开方
平均值

─────────────────[MUL D432 D440 D436]
直径偏差
平方平均
值的开方

─────────────────[DDIV D436 D200 D442]
线材直径
平均值

233 ───[END]

88

【例56】 物流检测

1. 控制要求

物流检测是工业控制中的常见控制，使用范围广，如工业计数检测，零部件或产品合格检测等。图 2-32 所示为某产品合格物流检测示意图。图中有 3 个光电传感器，分别为 BL1、BL2、BL3。BL1 检测有无次品到来，有次品到则 BL1 动作；BL2 检测凸轮的凸起，凸轮每转一圈则发一个移位脉冲，因物品间隔一定，故每转一圈有一个物品到，所以 BL2 实为检测物品到的传感器；BL3 检测有无次品落下。SB 是手动复位按钮（图中未画）。当次品移至 4 号位时，控制电磁阀 YA 打开使次品落到次品箱内。若无次品则物品移至传送带右端则自动掉入正品箱内。如此实现将次品和正品分开的目的。

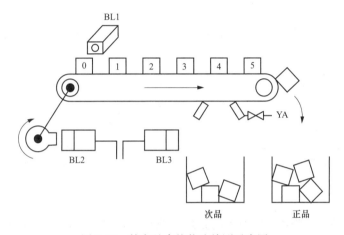

图 2-32 某产品合格物流检测示意图

2. 分析

根据控制要求，系统需要 4 个输入（X0～X3）与 1 个输出（Y0），有次品 X0 置位 1，无次品 X0 为 0；凸轮每转动一圈 X1 为 1 一次；X2 为 1 表示有次品落下，0 表示无次品落下；X3 为 1 表示复位系统，0 表示不复位系统；Y0 为 1 表示电磁阀打开，0 表示闭。其中，I/O 地址分配见表 2-11。

表 2-11 I/O 地址分配

输入		输出	
功能	地址	功能	地址
检测有无次品 BL1	X0	电磁阀 YA	Y0
检测凸轮转动脉冲 BL2	X1		
检测有无次品落下 BL3	X2		
手动复位按钮 SB	X3		

根据控制要求，X000 的状态为"ON"时，用于发现次品，发现次品后 X001 的状态为"ON"时记录次品传递位置，当传递到 4 位置时，电磁阀 YA 打开次品落下。因此，用移位指令就可以实现，对于电磁阀 YA 的打开与关闭，可以用置位、复位型自保基本控制程序。梯形图程序由次品的监测移位控制和电磁阀打开与关闭的置位、复位自保控制两部分组成。

3. 程序

(1) 监测移位控制。程序如下:

```
        X003
    0───┤├──────────────────────────────────[ZRST    M0      M3 ]
        SB手动复
        位按钮

        X001
    6───┤↑├─────────────────────[SFTL    X000    M0      K4      K1 ]
        BL2检测                          BL1检测有
        凸轮转动                          无次品
        脉冲
```

(2) 置位、复位自保控制。程序如下:

```
        M3
   17───┤├──────────────────────────────────────[SET     Y000 ]
                                                         电磁阀YA

        X002
   19───┤├──────────────────────────────────────[RST     Y000 ]
        BL3检测有                                        电磁阀YA
        无次品落下
```

(3) 完成程序。作为本控制要求的完整实现程序,只需要将以上两部分梯形图合并即可。控制系统是先检测后打开电磁阀,程序的先后次序对实际动作产生影响。程序如下:

```
        X003
    0───┤├──────────────────────────────────[ZRST    M0      M3 ]
        SB手动复
        位按钮

        X001
    6───┤↑├─────────────────────[SFTL    X000    M0      K4      K1 ]
        BL2检测                          BL1检测有
        凸轮转动                          无次品
        脉冲

        M3
   17───┤├──────────────────────────────────────[SET     Y000 ]
                                                         电磁阀YA

        X002
   19───┤├──────────────────────────────────────[RST     Y000 ]
        BL3检测有                                        电磁阀YA
        无次品落下

   21───────────────────────────────────────────────────[END ]
```

4. 说明

X003 闭合，4 个单元（M0、M1、M2、M3）均复位为"0"，当无次品来时，X000 总保持"OFF"状态，于是 4 个单元（M0~M3）中输入"0"。每来一个物品，X001 的状态则变为"ON"一次，即发一次移位脉冲，于是 M0 左移一位到 M1，以此类推。但因输入 X000 全是"0"，故移位后 M0~M3 各位上也全是"0"，于是 M3 总保持"OFF"状态。移位指令中 4 个单元（M0、M1、M2、M3）的关系如程序所示。

程序中 M3 的状态作为 Y000 的置位端，当 M3 的状态为"OFF"时，Y000 的状态也为"OFF"。故电磁阀 YA 不打开，物品全部到正品箱内。而当有次品来时 X000 的状态为"ON"，即 X000=1，此时 M0 中输入"1"。此后每来一个物品则 X001 的状态则变为"ON"一次，发一个移位脉冲，使 M0 中的"1"左移一位到 M1 中。到第 4 个移位脉冲来时恰好这个"1"移至 M3 位上，于是 M3 的状态为"ON"，将 Y000 接通，电磁阀打开，次品落下（此时次品也恰好移到传送带的 4 号位上）。BL3 检测到次品落下后，X002 的状态变为"ON"，使 Y000 的状态变为"OFF"，电磁阀重新关闭。

【例 57】 大小球的选择搬运

控制要求：图 2-33 所示为使用传送带将大、小球分类传送的机械装置。控制要求：左上为原点，按照下降、吸住、上升、右行、下降、释放、上升、左行的顺序动作。此外，当机械手臂下降，电磁铁压住大球时，下限开关 LS2 为 OFF，压住小球时，LS2 为 ON。

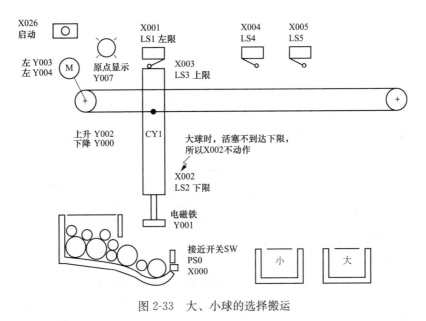

图 2-33 大、小球的选择搬运

程序如下：

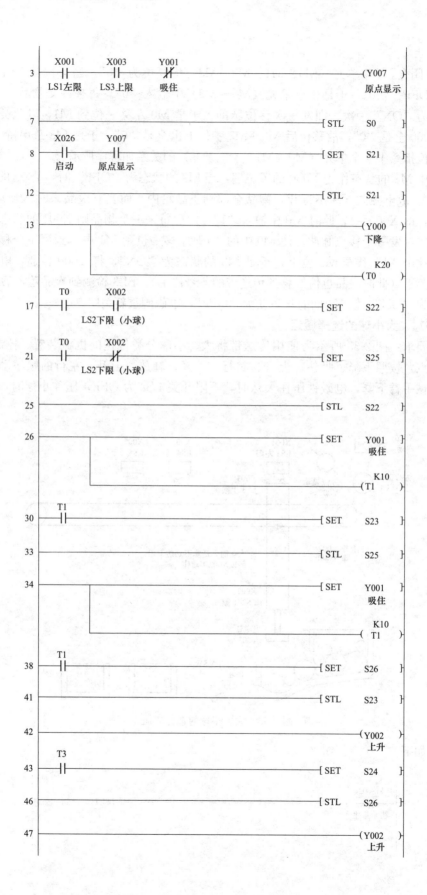

```
      X003
48    ─┤├──────────────────────────────[ SET    S27  ]
      LS3上限

51    ──────────────────────────────────[ STL    S24  ]

      X004
52    ─┤╱├─────────────────────────────────(Y003  )
      LS4                                     右行

54    ──────────────────────────────────[ STL    S27  ]

      X005
55    ─┤╱├─────────────────────────────────(Y003  )
      LS5                                     右行

57    ──────────────────────────────────[ STL    S24  ]

      X004
58    ─┤├──────────────────────────────[ SET    S30  ]
      LS4

61    ──────────────────────────────────[ STL    S27  ]

      X005
62    ─┤├──────────────────────────────[ SET    S30  ]
      LS5

65    ──────────────────────────────────[ STL    S30  ]

66    ─────────────────────────────────────(Y000  )
                                            下降

      X002
67    ─┤├──────────────────────────────[ SET    S31  ]
      LS2下限（小球）

70    ──────────────────────────────────[ STL    S31  ]

                              *＜释放            ＞

71    ──────────────────────────────────[ RST    Y001 ]
                                            吸住

                                            K10
                                          ─(T2   )

      T2
75    ─┤├──────────────────────────────[ SET    S32  ]

78    ──────────────────────────────────[ STL    S23  ]

79    ─────────────────────────────────────(Y002  )
                                            上升

      X003
80    ─┤├──────────────────────────────[ SET    S33  ]
      LS3上限

83    ──────────────────────────────────[ STL    S33  ]

      X001
84    ─┤╱├─────────────────────────────────(Y004  )
      LS1左限                                  左行

      X001
86    ─┤├──────────────────────────────────(S0   )
      LS1左限

89    ──────────────────────────────────[RET    ]

90    ──────────────────────────────────[END    ]
```

93

【例58】 剪板机自动控制程序

1. 控制要求

剪板机的工作过程如图 2-34 所示。控制要求：初始状态时剪板机的压钳及剪刀在上

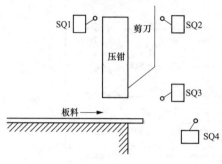

图 2-34 剪板机的工作过程

限位置，上限位开关 SQ1、SQ2 被压下。按下启动按钮 SB，板料右行，至右限位行程开关 SQ4 处，SQ4 被压下动作，压钳下行压紧板料后压力继电器 KP 动作，剪刀开始下行剪料。剪断板料后，行程开关 SQ3 被压下动作，压钳及剪刀同时上行。上行到位，分别撞击行程开关 SQ1、SQ2，压钳和剪刀分别停止上行。当剪刀和压钳都上行到位后，又开始下一周期的工作，自动剪完 10 块料后停止工作并停在初始状态。

2. 分析

I/O 地址分配见表 2-12。

表 2-12   **I/O 分配表**

输入		输出	
功能	地址	功能	地址
启动按钮 SB	X0	板料右行电磁阀 YV1	Y0
压钳上限位行程开关 SQ1	X1	压钳下行压紧电磁阀 YV2	Y1
剪刀上限位行程开关 SQ2	X2	剪刀下行压紧电磁阀 YV3	Y2
剪刀到位行程开关 SQ3	X3	压钳上行电磁阀 YV4	Y3
板料到位行程开关 SQ4	X4	剪刀上行电磁阀 YV5	Y4
压力继电器 KP	X5		

硬件接线图如图 2-35 所示。

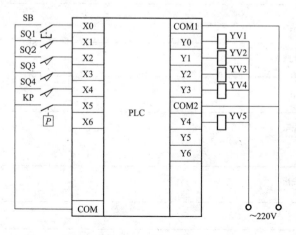

图 2-35   硬件接线图

3. 程序

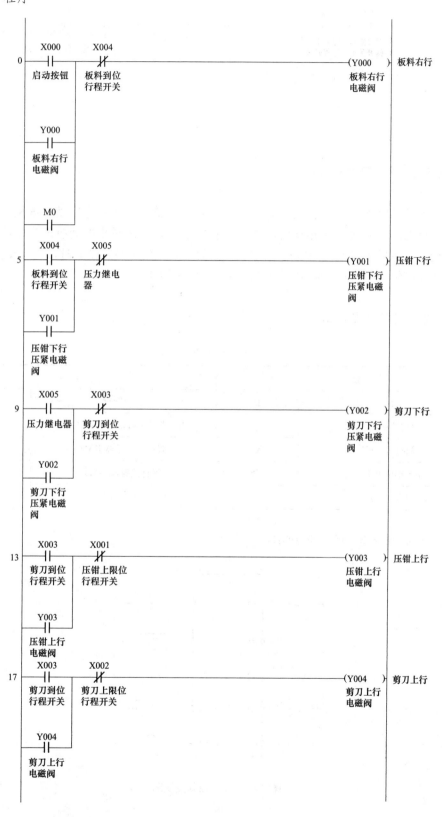

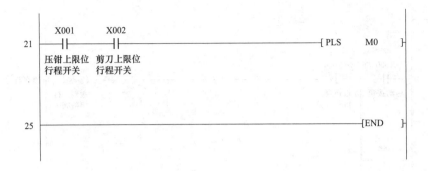

【例59】 同步电动机控制

1. 控制要求

同步电动机由于本身无启动转矩,因此在启动时需要借助外力启动。本例中为同步电动机常用的启动方法,即异步启动法。控制要求:首先在同步电动机的定子绕组中加入三相交流电源异步启动,待电动机的转速接近同步转速的95%以上时,切除交流电源,给转子励磁绕组加入励磁直流电压,电动机进入同步转速运行。

2. 分析

I/O地址分配见表2-13。

表 2-13   **I/O 分配表**

输入		输出	
功能	地址	功能	地址
启动按钮 SB2	X0	串电阻 R1 启动接触器 KM1	Y0
停止按钮 SB1	X1	强励磁接触器 KM2	Y1
电流继电器 KA	X2	运行接触器 KM3	Y2
欠电压继电器 KV	X3	励磁接触器 KM4	Y3

PLC控制接线图如图2-36所示。

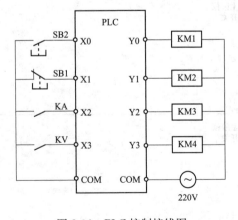

图 2-36 PLC 控制接线图

3．程序

4．说明

当按下启动按钮 SB2 后，X000 闭合，由于 X001 对应的按钮是闭合的，X001 已闭合，M0 得电，同时 Y000 得电，同步电动机串电阻 R1 启动，在定时器 T10 的作用下，启动 5s 后，Y002 得电，切除串电阻 R1 继续启动，同时定时器 T11 定时 5s 后，切断 Y000，接通 Y003，同步电动机励磁启动结束，若电网欠电压，Y001 接通，同步电动机在强励磁条件下启动，最终在直流电作用下正常运转。

第三章

模拟量控制系统案例解析

【例 60】 通过变频器的模拟输出接口测出变频器频率

1. 设备及参数设置

FX2N 系列 PLC1 个；FX2N-2AD 模拟量输入模块 1 个；带模拟量输出的变频器 1 个（台达 VFD-M 系列）。其中变频器输出参数为：电压输出范围 0～10V，对应设定的最高频率为 60Hz，输出端子为 GND 及 AFM。

变频器参数设置：参数 P03 设置最高操作频率（设置为 60Hz），模拟信号的大小正比于变频器的频率，最高操作频率相当于＋10V 电压输出，频率为 0Hz 时，对应的电压也是 0V。

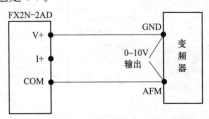

图 3-1 FX2N-2AD 与变频器的接线

2. 正确安装及接线

将变频器的模拟量输出接口接入 FX2N-2AD 模块的电压输入端子上。FX2N-2AD 与变频器的接线如图 3-1 所示。

3. 程序

假设变频器的信号接到 FX2N-2AD 模块的第 1 个通道，程序如下：

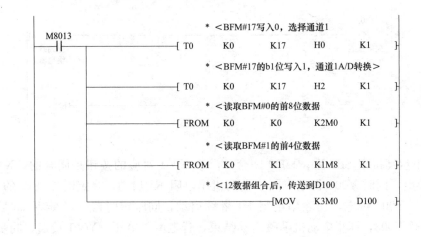

4. 说明

FX2N-2AD 模块的 0～10V 电压输入特性如图 3-2 所示。

由图 3-2 知，当模拟值是 10V 时，对应 PLC 读取的数字量是 4000，对应变频器的频率是 60Hz。当模拟值是 0V 时，对应的数字量是 0，对应变频器的频率是 0Hz。也即数字量是 0 时，对应的频率是 0Hz，数字量是 4000 时，对应的频率是 60Hz。

根据以上分析，可以得出一个频率值与数字量的比例关系，如图 3-3 所示。

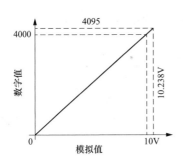

图 3-2　FX2N-2AD 模块的 0～10V
电压输入特性图

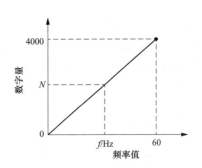

图 3-3　频率值与数字量
的比例关系

　　假设 PLC 读到的数字量是 N，对应的变频器的频率是 f，则数字量 N 与变频器频率 f 的关系为

$$\frac{N}{4000}=\frac{f}{60} \quad \Rightarrow \quad f=\frac{60N}{4000}$$

【例 61】　通过温控器的模拟输出接口读取温度当前值

1. 设备及参数设置

FX2N 系列 PLC1 个，FX2N-2AD 模拟量输入模块 1 个，带模拟量输出接口的温控器 1 个。温控器输出参数为电流输出范围，即 4～20mA，对应的设定的最高温度 100℃，对应的设定的最低温度为 0℃，输出端子为 1 和 2。

2. 正确安装及接线

将温控器的模拟连输出接口接入 FX2N-2AD 模块，如图 3-4 所示。

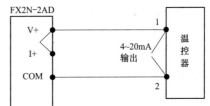

3. 程序

假设温控器的信号接到 FX2N-2AD 模块的第 2 个通道，程序如下：

图 3-4　FX2N-2AD 与温控器的接线示意图

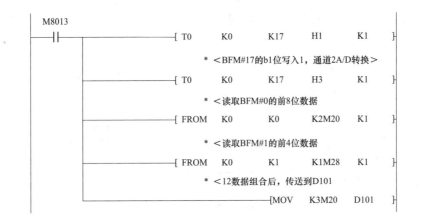

4. 说明

FX2N-2AD 模块的 4～20MA 电流输入特性如图 3-5 所示。

当模拟量是 20mA 时，对应 PLC 读取的数字是 4000，对应温控器的温度是 100℃。

当模拟量是 4mA 时，对应的数字量是 0，对应温控器的温度是 0℃，也即数字是 0 时，对应的温度是 0℃，数字是 4000 时，对应的温度是 100℃。

根据以上分析，可以得出一个温度值与数字量的比例关系，如图 3-6 所示。

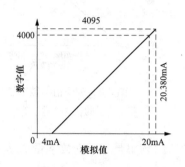 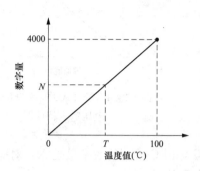

图 3-5　FX2N-2AD 模块的 4~20mA
电流输入特性

图 3-6　温度值与数字量
的比例关系

假设 PLC 读到的数字量是 N，对应的温控器的温度是 T，则数字量 N 与温控器温度 T 的关系为

$$\frac{N}{4000}=\frac{T}{100} \Rightarrow T=\frac{N}{40}$$

【例 62】　通过模拟量模块测量管道内的压力值

1. 设备及参数设置

FX2N 系列 PLC1 个，FX2N-4AD 模拟量输入模块 1 个，压力传感器 1 个。其中压力传感器参数为，压力范围为（0~1.6bar）即（0~160000Pa），输出信号为 4~20mA，输出线是 2 线制输出。

2. 正确安装及接线

FX2N-4AD 与压力传感器的接线如图 3-7 所示。两线制的压力变送器输出信号一般是 4~20mA，供电电压是 24VDC，两线实际是一根红色（代表供电的 24V＋），一根黑色或蓝色（代表信号输出＋），接线方法是红线接电源＋，蓝线接信号＋，然后把电源负和信号负短接。

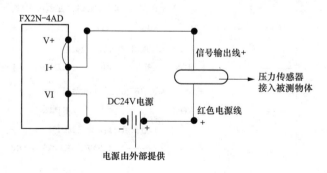

图 3-7　FX2N-4AD 与压力传感器的接线

3. 程序

假设此压力传感器接到 FX2N-4AD 模块的第 2 个通道上，程序如下：

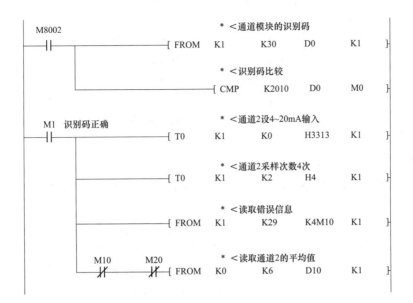

4. 说明

FX2N-4AD 模块的 4～20mA 电流输入特性如图 3-8 所示。

当模拟值是 20mA 时，对应 PLC 读取的数字是 1000，对应压力是 160kPa。当模拟值是 4mA 时，对应的数字量是 0，对应压力是 0Pa，也即数字是 1000 时，对应的温度是 160kPa，数字是 0 时，对应的压力是 0Pa。

根据以上分析，可以得出一个压力值与数字量的比例关系，如图 3-9 所示。

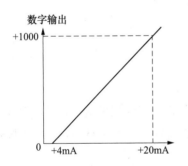

图 3-8　FX2N-4AD 模块的 4～20mA
电流输入特性

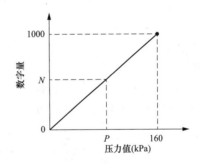

图 3-9　压力值与数字量
的比例关系

假设 PLC 读到的数字量是 N，对应的压力是 P，则数字量 N 与压力 P 的关系为：

$$\frac{N}{1000} = \frac{P}{160} \Longrightarrow P = \frac{4N}{25} \text{（kPa）} = 160N \text{（Pa）}$$

【例 63】　通过 4AD-PT 温度模块测设备的温度

1. 设备

FX2N 系列 PLC1 个，FX2N-4AD-PT 温度模块 1 个，温度传感器 PT100 1 个。

2. 正确安装及接线

FX2N-4AD-PT 与温度传感器 PT100 的接线如图 3-10 所示。

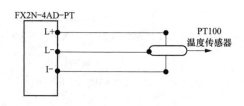

图 3-10　FX2N-4AD-PT 与温度传感器 PT100 的接线

3. 程序

假设传感器信号接到 FX2N-4AD-PT 模块的第 3 个通道上，程序如下：

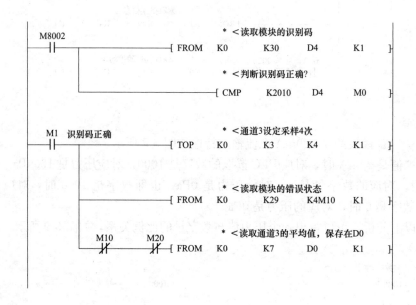

4. 说明

FX2N-4AD-PT 模块的转换特性如图 3-11 所示。

当实际温度为 600℃时，对应的数字量是 6000，当实际温度为 0℃时，对应的数字量是 0，当实际温度为 −100℃时，对应的数字量是 −1000。

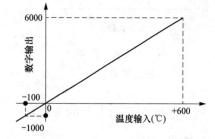

图 3-11　FX2N-4AD-PT 模块的转换特性

假设 PLC 读取的数字量为 N，对应的实际温度为 T。则比例关系为

$$\frac{读取的数字量 \leftarrow N}{实际温度 \leftarrow T} = \frac{6000}{600} \Rightarrow T = \frac{N}{10}$$

由此，若 PLC 读取的数字量为 320，则计算出实际的温度为 32℃。

【例 64】 通过 4AD-TC 温度模块测设备的温度

1. 设备

FX2N 系列 PLC1 个，FX2N-4AD-TC 温度模块 1 个，K/J 系列热电偶温度传感器 1 个。

2. 正确安装及接线

FX2N-4AD-TC 与 K/J 系列温度传感器的接线如图 3-12 所示。

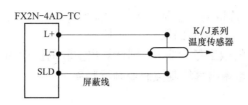

图 3-12　FX2N-4AD-TC 与 K/J 系列温度传感器的接线

3. 程序

假设为 K 系列传感器接到 FX2N-4AD-TC 模块的第一个通道上，程序如下：

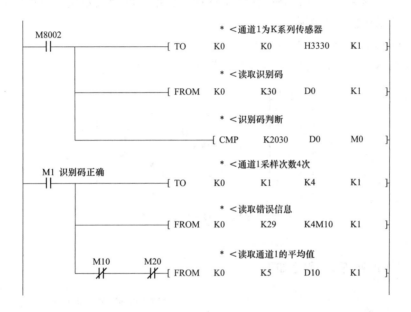

4. 说明

FX2N-4AD-TC 模块的转换特性如图 3-13 所示。

以 K 系列热电偶温度传感器为例，其转换特性如图 3-14 所示。

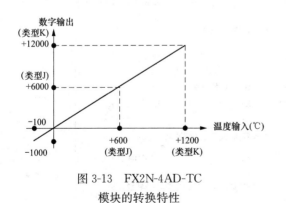

图 3-13　FX2N-4AD-TC
模块的转换特性

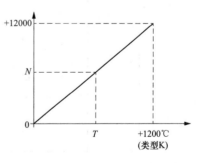

图 3-14　K 系列热电偶温度
传感器转换特性

当实际温度为 1200℃时，对应的数字量是 12000，当实际温度为 0℃时，对应的数字量是 0。

假设 PLC 读取的数字量为 N，对应的实际温度为 T，则有

$$\begin{matrix} 读取的数字量 \leftarrow \\ 实际温度 \leftarrow \end{matrix} \frac{N}{T} = \frac{12000}{1200} \quad \Rightarrow \quad T = \frac{N}{10}$$

由此，若 PLC 读取的数字量为 245，则计算出实际的温度为 24.5℃。

【例 65】 通过模拟量输出模块测控制变频器频率

1. 设备及参数设置

FX2N 系列 PLC 一个，FX2N-2DA 模拟量输出模块一个，带模拟量输入接口的变频器一个（台达 VFD-M 系列）。

设置变频器：①参数 P00（频率控制方式）设置为频率由模拟信号 0～10V 控制（AVI 端子）；②参数 P03（最高操作频率选择）根据实际情况设定，一般设置为 60Hz；③增益，偏置默认值，不作修改。

2. 正确安装及接线

FX2N-2DA 与变频器的接线如图 3-15 所示。

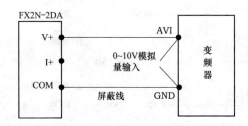

图 3-15　FX2N-2DA 与变频器的接线

3. 程序

利用 2DA 的通道 2，程序如下：

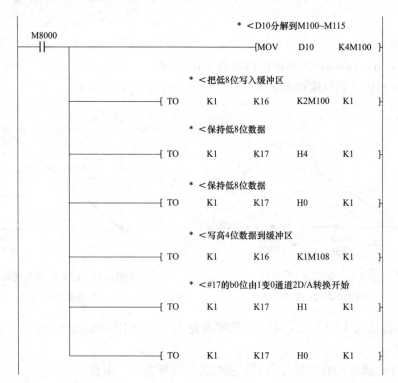

4. 说明

FX2N-2DA 模块的电压输入特性如图 3-16 所示。

当 PLC 输出的数字是 4000 时，对应模拟电压输出为 10V，对应变频器的输出频率为 60Hz。当 PLC 输出的数字是 0 时，对应模拟电压输出为 0V，对应变频器的输出频率为 0Hz。也即数字量输出是 0 时，对应的变频器输出频率是 0Hz，数字量是 4000 时，对应的变频器输出频率是 60Hz。

根据以上分析，可以得出一个频率与数字量的比例关系，如图 3-17 所示。

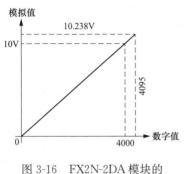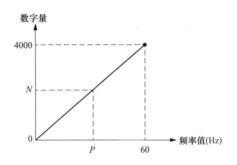

图 3-16 FX2N-2DA 模块的
电压输入特性

图 3-17 频率与数字量的
比例关系

假设变频器频率要以 f 运行，则 PLC 输出的数字量应该是 N，则变频器频率 f 与数字量 N 的关系为

$$\frac{N}{4000} = \frac{f}{60} \quad \Rightarrow \quad N = \frac{4000 \times f}{60}$$

【例 66】 中央空调制冷系统

1. 系统说明

该制冷系统使用两台压缩机组，系统要求温度在低于 25℃时不启动机组，在温度高于 30℃时启动一台压缩机 Y0，温度高于 36℃时，启动另外一台压缩机 Y1。温度降低到 30℃时停止其中一台机组。要求先启动的一台先停止，温度降到 26℃时两台机组都停止，温度低于 23℃时，系统发出超低温报警 Y2。

2. 硬件配置

三菱 FX2N 系列 PLC1 个，三菱 FX2N-4AD-PT 温度模块 1 个，PT100 温度传感器 1 个，继电器 1 个。

3. 程序

假设温度传感器接在温度模块的第二个通道上。

（1）读取温度模块通道 2 的温度，保存在 D10 里面。程序如下：

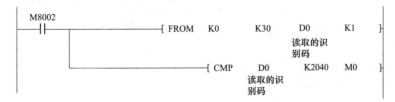

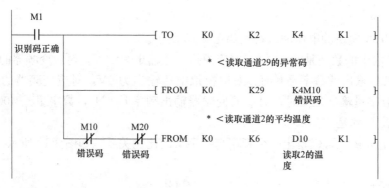

（2）与要求的温度比较，控制相应设备的动作。程序如下：

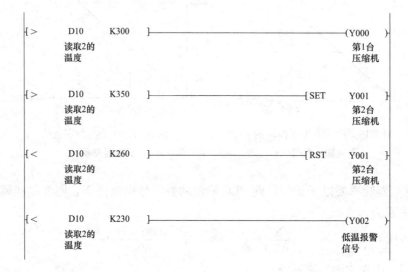

【例67】 PID 控制

1. 温度箱加温闭环控制系统

温度箱加温闭环控制系统如图 3-18 所示，通过 FX2N-48MR 的 Y001 驱动电加热器给温度箱加热。温度传感器（热电偶）测定温度箱的温度模拟信号通过模拟输入模块 FX2N-4AD-TC 转换成数字信号，使 PLC 控制温度箱的温度保持在 50℃。X010 控制该系统自动调节湿度；X011 为自动调节＋PID 调节来控制温度调节。

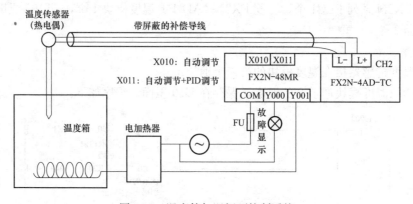

图 3-18 温度箱加温闭环控制系统

2．分析

从图 3-18 可看出，该系统有可自动调节温度或由 PID 调节温度的功能。图中温度输入模块 FX2N-4AD-TC 紧靠 FX2N-48MR 单元连接，ID 编号为 0，它有 4 个通道，在此系统中选用通道 2，而其他通道不使用。温度箱的加热动作及相关参数设置见表 3-1。

表 3-1　　　　　　　　　　　　　　相 关 参 数 设 置

		设置内容	软元件		自动调节	PID 调节
参数设置	目标值	温度	[S1]	D500	500（50℃）	500（50℃）
	参数设置	采样时间（T_s）	[S3]	D510	3000（ms）	500（ms）
		输入滤波常数（α）	[S3]+2	D512	70%	70%
		微分增益（K_D）	[S3]+5	D515	0%	0%
		输出值上限	[S3]+22	D522	3000（ms）	500（ms）
		输出值下限	[S3]+23	D523	0	0
	动作方向	输入变化量报警	[S3]+1	D511	b1=1（无）	b1=1（无）
		输出变化量报警			b2=1（无）	b2=1（无）
		输出值上下限定			b5=1（有）	b5=1（有）
	输出值		[D]	Y001	1800（ms）	根据运算

FX2N-4AD-TC 的 BFM＃0 中，设定值应为 H3303，3303 从最低位到最高位数字分别表示 CH1～CH4 的设定方式，每位数字可由 0～3 表示，0 表示 CH2 的设定输入电压范围为-10～10V，3 表示该通道不使用。当 X010 有效时，自动调节温度箱加温；当 X011 有效时，自动调节＋PID 调节温度箱加热。程序可使用 CALL 指令来选择自动调节还是自动调节＋PID 调节。

3．程序

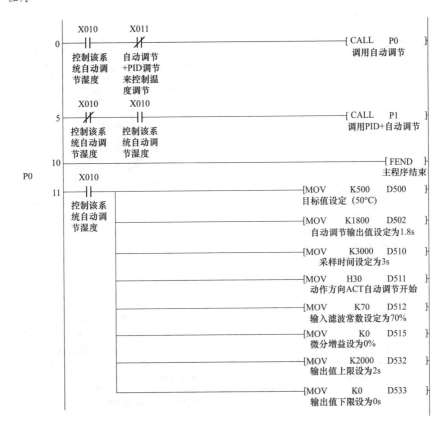

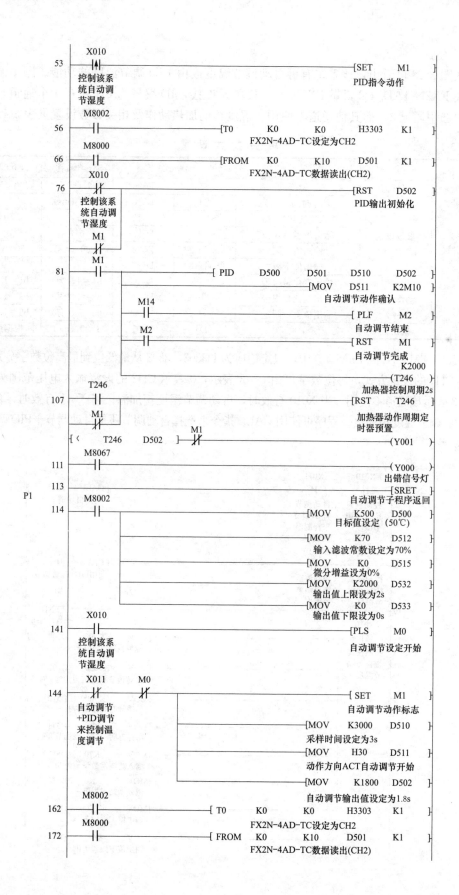

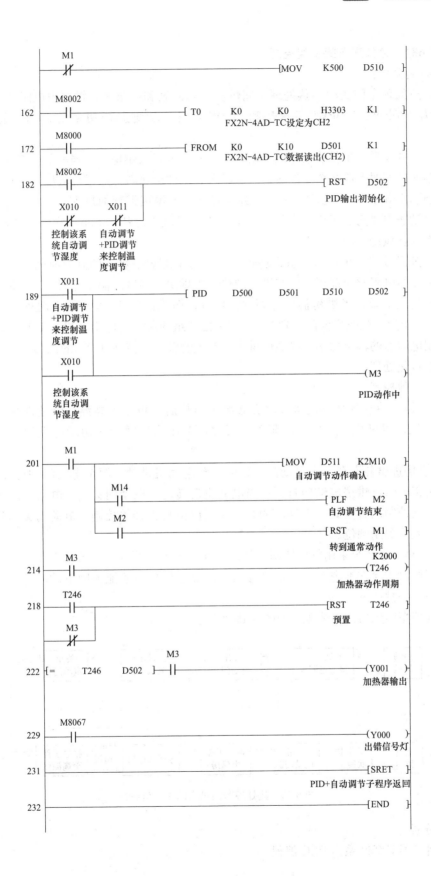

【例68】 热处理车间温度控制

1. 控制要求

（1）热处理车间概况。热处理车间烘房分高温区和低温区。烘房由电阻丝加热，电阻丝分为 100kW、100kW、50kW 和 50kW 4 组，以便进行功率的调节，总功率为 300kW。

（2）工件运送。工件连续不断地由物料传送系统送入烘房，即当第 1 个工件由低温区送入高温区的同时，第 2 个工件被送入低温区。工件由物料传送系统从烘门自动送入烘房低温区预热 15min，再由物料物传送系统自动送入高温区继续加热 15min，然后由物料传送系统自动送出烘房。工件送出烘房后由轴流风机风吹冷却 15min，然后电笛发警报声，通知工作人员风冷完毕。

（3）升温过程。在初始状态启动烘房时，为了缩短空烘房的升温时间，提高升温速度，要求 4 组电阻丝全部接入电路进行加热。当烘房高温区的温度超过 200℃时，切除两组 50kW 的电阻丝；当烘房温度超过 250℃时，切除两组 100kW 的电阻丝，同时接入 50kW 的电阻丝；当烘房温度达到 300℃时，使两组 50kW 的电阻丝投入 PID 自动运行方式，控制电阻丝的输出功率，以确保烘房高温区的温度保持在 300℃的恒温，确保工件在恒温下进行热处理。

（4）其他控制。

1）风机将冷空气从风道送入烘房低温区预热后，再送入高温区继续加热。开启烘房时，应先接通风机，后接通电阻丝；反之，关闭烘房时，先切断电阻丝，后停止风机运转。

2）烘房进出各设有一个电动门，各由一台电动机带动，两个电动门均可独立控制。当电动机正转时，烘房电动门打开；当电动机反转时，电动门关闭。电动门的控制分为自动和手动控制两种方式。电动门的开、关到位由行程开关控制。电动门关闭到位时指示灯亮，表示关闭到位。

3）物料传送系统采用气压控制，其推进气缸由电磁阀控制。自动工作时，只有当电动门开到位时才允许推进工件，且只有当工件推进到位时才能关闭电动门。工件推进到位，行程开关被压下。

热处理车间烘房的工艺流程如图 3-19 所示。

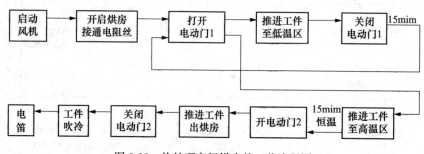

图 3-19 热处理车间烘房的工艺流程图

2. 分析

采用三菱 FX2N 系列 PLC 编程。

（1）I/O 地址分配见表 3-2。

表 3-2　　　　　　　　　　　　I/O 分配表

输入		输出	
功能	地址	功能	地址
风机启动按钮 SB1	X0	50kW 组电阻丝 KM1、KM2	Y0
风机停止按钮 SB2	X1	100 组电阻丝 KM3、KM4	Y1
电动门手动控制方式 SA1	X2	电笛 KM5	Y2
电动门自动控制方式 SA2	X3	电动门 1 开门接触器 KM6	Y3
烘房手动控制方式 SA3	X4	电动门 1 关门接触器 KM7	Y4
烘房自动控制方式 SA4	X5	电动门 2 开门接触器 KM8	Y5
电动门 1 开门按钮 SB3	X6	电动门 2 关门接触器 KM9	Y6
电动门 1 关门按钮 SB4	X7	电磁阀 YV	Y7
电动门 2 开门按钮 SB5	X10	轴流风机接触器 KM10	Y10
电动门 2 关门按钮 SB6	X11	电动门 1 关闭到位指示灯 HL1	Y11
50kW 组电阻丝接通按钮 SB7	X12	电动门 2 关闭到位指示灯 HL2	Y12
50kW 组电阻丝停止按钮 SB8	X13	风机接触器 KM11	Y13
100kW 组电阻丝接通按钮 SB9	X14		
100kW 组电阻丝停止按钮 SB10	X15		
轴流风机启动按钮 SB11	X16		
轴流风机停止按钮 SB12	X17		
电动门 1 开门到位行程开关 SQ1	X20		
电动门 1 关门到位行程开关 SQ2	X21		
电动门 2 开门到位行程开关 SQ3	X22		
电动门 2 关门到位行程开关 SQ4	X23		
低温区工件到位行程开关 SQ5	X24		
高温区工件到位行程开关 SQ6	X25		
高温区 200℃温控开关 ST1	X26		
高温区 250℃温控开关 ST2	X27		
总启动按钮 SB13	X30		
总停止按钮 SB14	X31		
PID 自动调谐控制开关 SA5	X32		

（2）热处理车间温度控制 PLC 接线如图 3-20 所示。

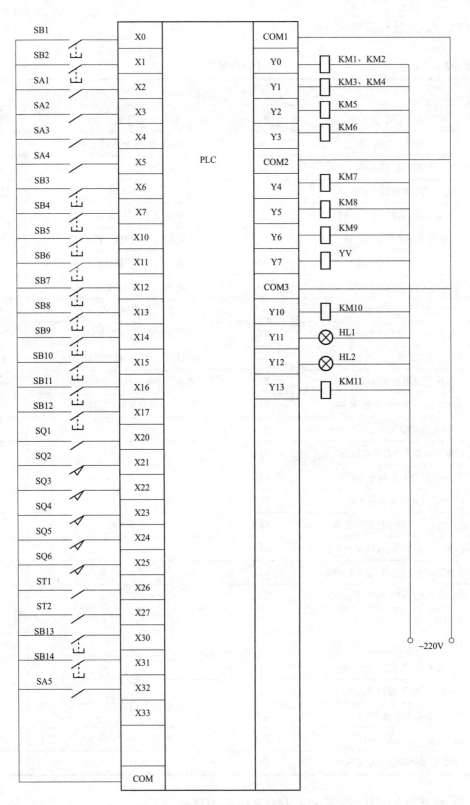

图 3-20　热处理车间温度控制 PLC 接线

3. 程序

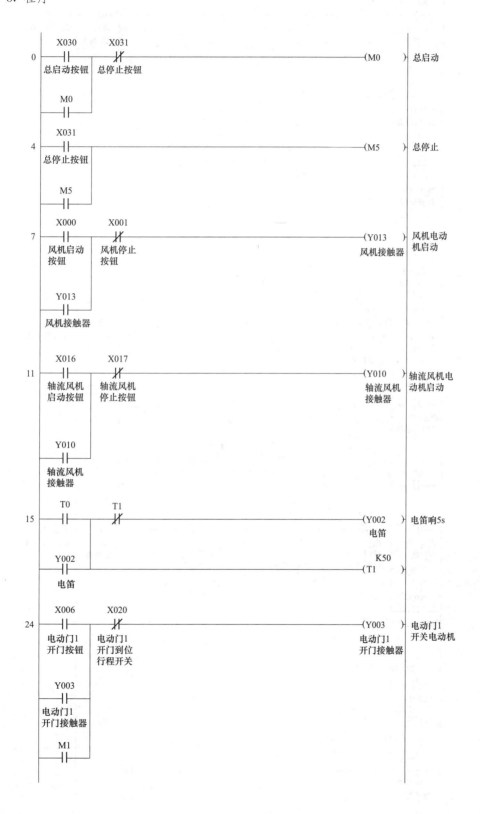

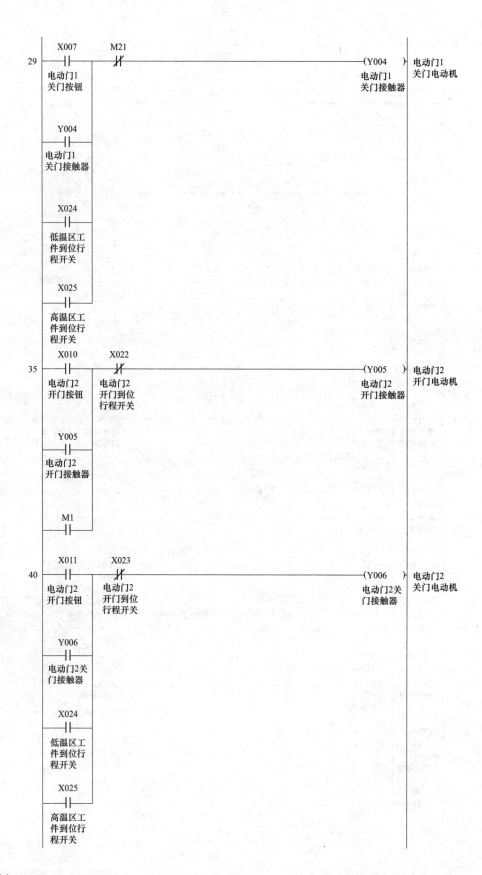

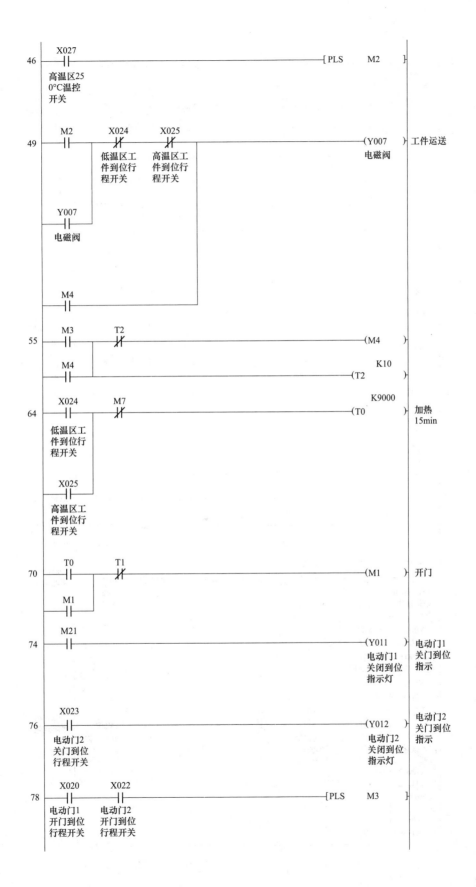

115

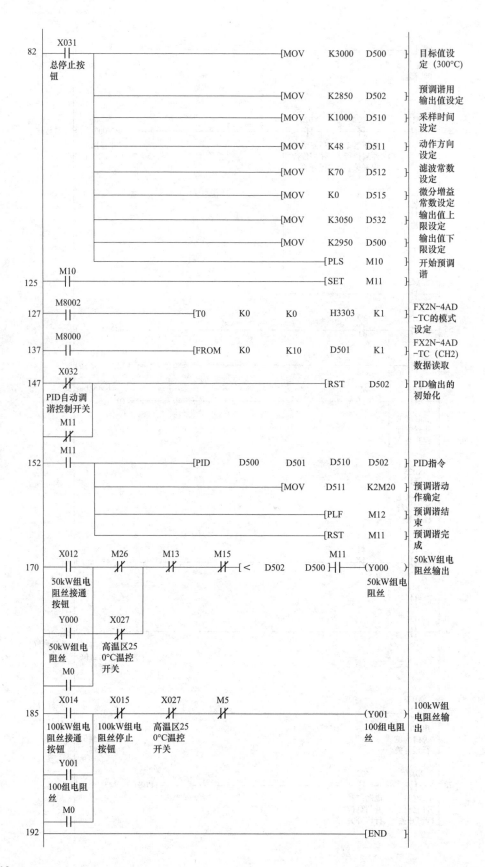

82	X031 总停止按钮				[MOV	K3000	D500]	目标值设定 (300°C)
					[MOV	K2850	D502]	预调谐用输出值设定
					[MOV	K1000	D510]	采样时间设定
					[MOV	K48	D511]	动作方向设定
					[MOV	K70	D512]	滤波常数设定
					[MOV	K0	D515]	微分增益常数设定
					[MOV	K3050	D532]	输出值上限设定
					[MOV	K2950	D500]	输出值下限设定
					[PLS	M10]		开始预调谐
125	M10				[SET	M11]		
127	M8002		[T0	K0	K0	H3303	K1]	FX2N-4AD-TC的模式设定
137	M8000		[FROM	K0	K10	D501	K1]	FX2N-4AD-TC (CH2) 数据读取
147	X032 PID自动调谐控制开关 M11					[RST	D502]	PID输出的初始化
152	M11	[PID	D500	D501	D510	D502]		PID指令
					[MOV	D511	K2M20]	预调谐动作确定
					[PLF	M12]		预调谐结束
					[RST	M11]		预调谐完成
170	X012 50kW组电阻丝接通按钮 Y000 50kW组电阻丝 M0	M26	M13	M15 [< D502 D500]	M11		(Y000) 50kW组电阻丝	50kW组电阻丝输出
			X027 高温区250°C温控开关					
185	X014 100kW组电阻丝接通按钮 Y001 100组电阻丝 M0	X015 100kW组电阻丝停止按钮	X027 高温区250°C温控开关	M5			(Y001) 100组电阻丝	100kW组电阻丝输出
192						[END]		

【例69】　模拟量输入采样取平均值

控制要求：FX2N-4AD 模拟量输入模块连接中，仅开通 CH1 和 CH2 两个通道作为电压量输入通道，计算 4 次取样的平均值，将结果存入 PLC 的数据寄存器 D0 和 D1 中。

程序如下：

```
                                    * <0号模块中，BFM#30中识别码送到D4>
         M8000
    0    ─┤├─────────────────────┤FROM    K0      K30     D4      K1├

                                    * <识别码为2010 (FX-4AD)，M1为0N >

                          ────────┤CMP     K2010   D4          M0├


                                    * <通道初始化                    >
         M1
         ─┤├────┬──────────────────┤TO      K0      K0      H3300   K1├

                                    * <设定计算平均值的取样次数为4    >

                ├──────────────────┤TO      K0      K1      K4      K2├

                                    * <BFM#29中的状态信息写到M25~M10 >

                ├──────────────────┤FROM    K0      K29     K4M10   K1├

                                    * <无出错BFM#5和#6传送到D0和D1  >
                 M10     M18
                ├─┤╱├────┤╱├───────┤FROM    K0      K5      D0      K2├

    56   ─────────────────────────────────────────────────────────[END ]
```

【例70】　模拟量输入模块零点和增益的调整

控制要求：通过程序对模拟量输入模块 FX2N-4AD 的通道 CH1 进行零点和增益的调整，要求通道 CH1 为电压量输入通道，通道 CH1 的零点值调整为 0V，增益值调整为 2.5V。

程序如下：

```
                                    * <零点和增益调整开始           >
         X000
    0    ─┤├─────────────────────────────────────[SET     M0 ]

                                    * <初始化，通道为电压型          >
         M0
    2    ─┤├────┬──────────────────┤TO      K0      K0      H0      K1├

                                    * <BFM#21=01允许调整            >

                ├──────────────────┤TO      K0      K21     K1      K1├

                                    * <将零点和增益全部复位          >

                ├──────────────────┤TO      K0      K22     K0      K1├

                                    * <复位时间                     >
                                                            K4
                └───────────────────────────────────────────( T0 )
```

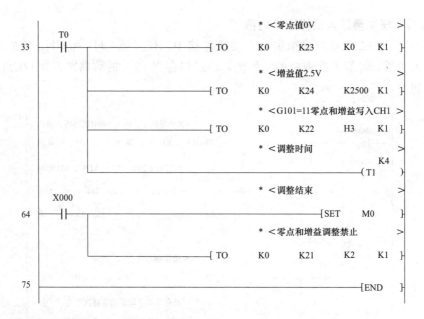

【例 71】 模拟量的 A/D 及 D/A 转换

1. 控制要求

（1）当输入 X0 为 1 时，需要将模拟量输入 1 进行 AID 转换，并且将转换结果读入到 PLC 的数据寄存帮 D0 中。

（2）当输入 XI 为 1 时，需要将模拟量输入 2 进行 AID 转换，并且将转换结果读入到 PLC 的数据寄存器 D1。

（3）当输入 X2 为 1 时，需要将 PLC 的数据寄存器 D2 中的数字址转换为 DC0～10V 的模拟量输出。

程序如下：

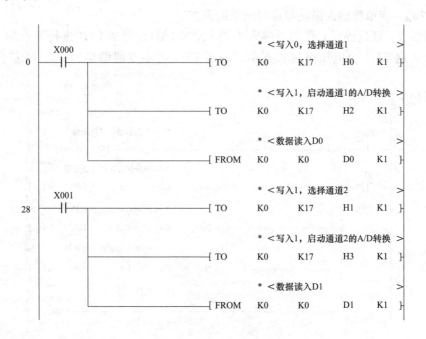

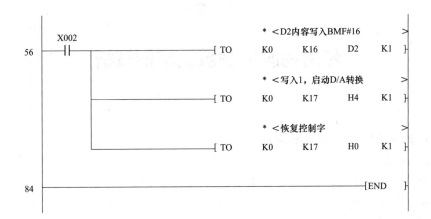

第四章

步进伺服控制系统案例解析

【例 72】 步进电动机的点动控制

1. 控制要求

某一步进电动机控制系统，步进电动机带动滚珠丝杠工作后从 A 点走到 B 点。如图 4-1 所示。控制要求：按下正转按钮，步进电动机正转，按下反转按钮，步进电动机反转，点动速度是 1r/s。

图 4-1　步进电动机的点动控制

2. 分析

（1）I/O 分配。假设 Y002 断开正转，接通反转，I/O 地址分配见表 4-1。

表 4-1 I/O 分配表

输入		输出	
功能	地址	功能	地址
正转按钮	X1	脉冲输出点	Y000
反转按钮	X2	脉冲方向	Y002

步进电动机驱动器的细分：2000 脉冲/r。

（2）计算脉冲频率。已知速度是 1r/s，细分是 2000 脉冲/r，设脉冲频率为 X 脉冲/s（1 脉冲/s＝1Hz），则

$$\frac{X \text{ 脉冲/s}}{2000 \text{ 脉冲/r}}=1r/s \ \Rightarrow \ X=2000Hz$$

因此脉冲频率设为 2000Hz。

3. 程序

4. 说明

脉冲数量不一定非得如上程序中设为 99999999，只要设定的数值够大就可以了，因为点动时对脉冲数量不确定，只要按下按钮，电动机就会转动，若脉冲数量值设定的比较小，则按下按钮后，脉冲走完了，电动机就会停止，因此只要保证脉冲数量够大，按下按钮后，电动机就一直会运行，松开按钮就会停止。

【例 73】 步进电动机的位置控制

1．控制要求

如图 4-2 所示，步进电动机起始点在 A 点，AB 之间是 2000 脉冲的距离，BC 之间是 3500 脉冲的距离。

图 4-2　步进电动机的来回控制

（1）按下启动按钮，步进电动机先由 A 移动到 B，此过程速度为 60r/min。

（2）电动机到达 B 点后，停 3s，然后由 B 移动到 C，此过程速度为 90r/min。

（3）电动机到达 C 点后，停 2s，然后由 C 移动到 A，此过程速度为 120r/min。

2．分析

（1）I/O 分配。假设 Y002 断开正转，接通反转 I/O 地址分配见表 4-2。

表 4-2　I/O 分配表

输入		输出	
功能	地址	功能	地址
启动按钮	X000	脉冲输出点	Y000
		脉冲方向	Y002

（2）计算脉冲频率。设定步进驱动的细分数为 2000 步/r，假设脉冲频率应为 X（Hz），实际运行的转速为 N（r/min），则

$$\frac{X\,\text{脉冲/s}}{2000\,\text{脉冲/r}} = \frac{N\text{r/min}}{60} \quad \Rightarrow \quad X = \frac{2000 \times N}{60}\,\text{Hz}$$

因此有：①当速度是 60r/min 时，频率应为 2000Hz；②当速度是 80r/min 时，频率应为 3000Hz；③当速度是 120r/min 时，频率应为 4000Hz。

3．程序

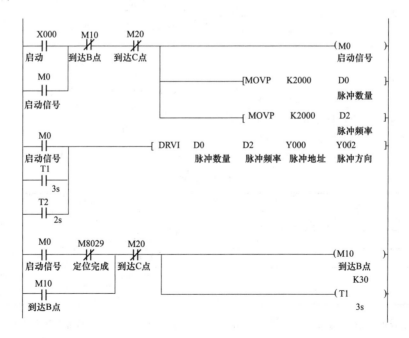

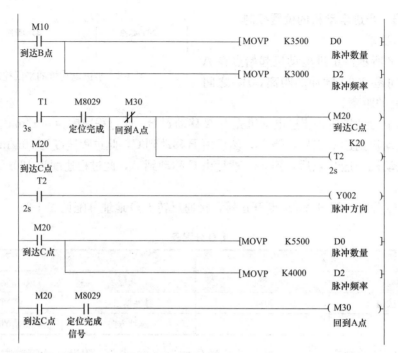

【例74】 自动打孔机控制系统

1. 控制要求

自动打孔机工作示意图如图4-3所示。铁板上有5个位置需要打孔，孔与孔之间间隔4000个脉冲。现用2个步进电动机的组合运动来控制打孔工作。在起点时按下启动按钮，Y轴上的步进电动机动作开始打孔，打孔的深度为1000个脉冲（即沿Y轴向前正转1000个脉冲），打完后，Y轴上的步进电动机立刻返回原点。接着X轴上的步进电动机向前运

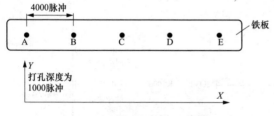

图4-3 自动打孔机工作示意图

X——用于让步进电动机移动到打孔位置；

Y——用于控制打孔的深度。

动一个孔距，然后Y轴上步进电动机又接着打孔，如此动作。当打完最后一个孔后，2个步进电动机均回到初始位置。要求X轴上步进电动机的运行速度为30r/min，Y轴上步进电动机的运行速度为12r/min。

2. 分析

(1) I/O分配。I/O地址分配见表4-3。

表4-3   I/O分配表

输入		输出	
功能	地址	功能	地址
启动按钮	X000	X脉冲输出点	Y000
		Y脉冲输出点	Y001
		脉冲方向	Y2
		脉冲方向	Y3

(2) 计算脉冲频率。设定步进驱动的细分数为2000步/r，假设脉冲频率应为$X(\mathrm{Hz})$，实际运行的转速为$N(\mathrm{r/min})$。则

$$\frac{X\ 脉冲/s}{2000\ 脉冲/r} = \frac{N r/min}{60} \quad \Rightarrow \quad X = \frac{2000 \times N}{60} Hz$$

因此有：①X轴步进电动机的运转速度是 30r/min 时，频率应为 1000Hz；②Y轴步进电动机的运转速度是 12r/min 时，频率应为 400Hz。

（3）设计控制流程图如图 4-4 所示。

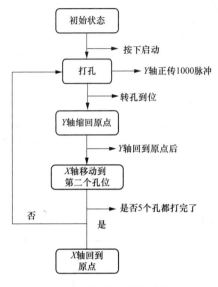

图 4-4　设计控制流程图

3. 程序

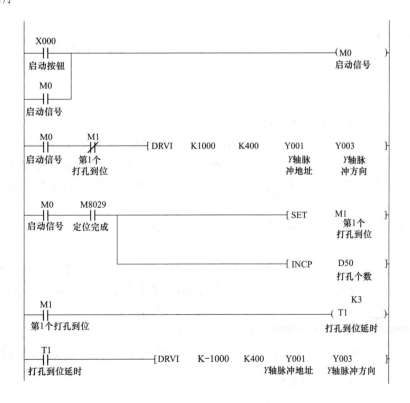

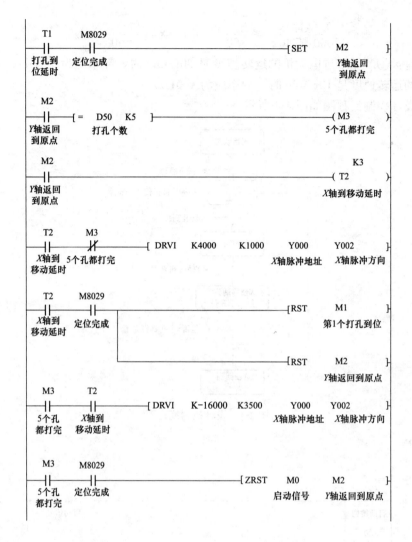

4. 说明

按下启动按钮后，输出启动信号，并自锁。然后开始 Y 轴打孔，打完后，记录一次并把脉冲指令断开。以上程序为第 1 次打孔的程序，以后会进行第 2 次，第 3 次，直到打孔结束，因此第 2 次，第 3 次等后面的打孔就利用此程序就可以了。当满足第 2 次打孔的条件后，只要把 M1 复位断开，则脉冲指令就会接通重新进行打孔操作。

【例 75】 基于 PLC 与步进电动机的位置检测控制

1. 控制要求

用 PLC 控制小车自动往返控制，按下启动按钮时，小车开始往左运行，然后在左、右极限的范围内实现自动往返运行，设右侧返回检测开关处为坐标原点。小车运行示意图如图 4-5 所示。

图 4-5　小车运行示意图

2. 分析

PLC 控制小车自动往返的接线如图 4-6 所示。

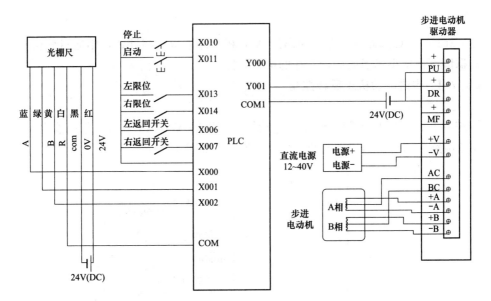

图 4-6 PLC 控制小车自动往返的接线

3. 程序

```
     M8002
0    ├┤├─────────────────────────────────[ ZRST   Y000   Y001 ]

     X011
6    ├┤├─────────────────────────────────[ SET    M0 ]

     X007
     ├┤├─────────────────────────────────[ RST    M1 ]

     X006
10   ├┤├─────────────────────────────────[ SET    M1 ]

                                          [ RST    M0 ]

     X010
13   ├┤├─────────────────────────────────[ ZRST   M0     M1 ]
     X013
     ├┤├
     X014
     ├┤├

     M0
21   ├┤├───────────────────────[ PLSY   K1000   K0   Y000 ]
     M1
     ├┤├

     M1
30   ├┤├───────────────────────────────────────────( Y001 )

     X007
32   ├┤├─────────────────────────────────[ RST    C251 ]

     M0                                        K1000000
35   ├┤├───────────────────────────────────────( C251 )
     M1
     ├┤├

42   ──────────────────────────────────────────────[ END ]
```

4. 说明

用 C251 高数计数器对光栅尺输出的 A/B 相脉冲进行双相计数，则通过分析 C251 的当前数据即可得出小车当前运行所在的位置坐标。

【例76】 步进电动机正反转控制

1. 控制要求

用三菱 FX2N PLC 控制一台步进电动机，可以用 Y0、Y1 和 Y2 分别输出到 A、B、C 相功放电路，驱动三相步进电动机，外部接线图如图 4-7 所示。

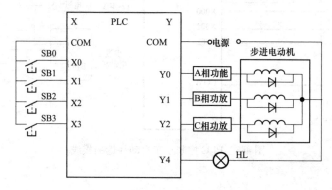

图 4-7 外部接线图

2. 分析

（1）控制系统组成及元件选择。系统由三菱 FX2N PLC、电源模块、功放器与步进电动机组成。FX2N PLC 作为控制系统的核心，该电动机有 8 输入/8 输出，共 16 个数字量 I/O 端子，有较强的控制能力。

（2）PLC 硬件接线。PLC 主控单元由现场按钮等输入信号和脉冲状态指示灯等输出信号组成。根据控制要求分配每个 I/O 点的地址，见表 4-4。

表 4-4   I/O 分配表

输入		输出	
功能	地址	功能	地址
正、反转开关 SB0	X0	A 相功放电路	Y0
启/停按钮 SB1	X1	B 相功放电路	Y1
减速按钮 SB2	X2	C 相功放电路	Y2
加速按钮 SB3	X3	运行指示灯 HL	Y4

3. 程序

三菱 FX2N PLC 直接经功放器驱动步进电动机的控制程序如下：

```
7   ┤M0├──┤T246├──────────────────*<指定脉冲列输出顺序        >
                          ────────────[DECOP  D1    M10   K3 ]

                                       *<移位值                >
                          ────────────────────────────[INCP  D1 ]

19  ┤M16├──────────────────────────────────────[RST   D1 ]

                                       *<XO正转为OFF,反转为ON   >
23  ┤M11├──┤/X000├───────────────────────────────────(Y000 )
          正、反                                    A相功放电路
          转开关

    ┤M14├──┤X000├
          正、反
          转开关

    ┤M10├

    ┤M15├

31  ┤M11├──┤/X000├───────────────────────────────────(Y001 )
          正、反                                    B相功放电路
          转开关

    ┤M14├──┤X000├
          正、反
          转开关

    ┤M12├

    ┤M13├

39  ┤M13├──┤/X000├───────────────────────────────────(Y002 )
          正、反                                    C相功放电路
          转开关

    ┤M14├

    ┤M15├

    ┤M10├──┤X000├
          正、反
          转开关

    ┤M11├

    ┤M12├
```

127

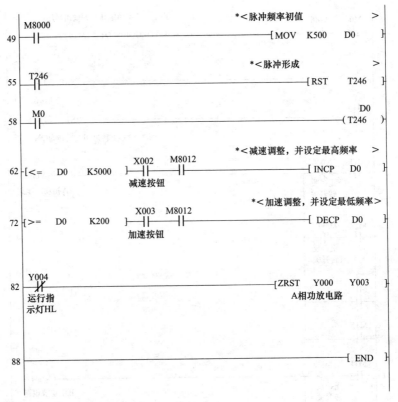

4. 说明

电动机启动时，按下按钮SB1，X001、Y004和M0由"0"翻转为"1"，运行指示灯HL亮，M0动合触点闭合，接通58行定时器T246，延时时间为D0，D0的初始值为K500，此时，第7行的DECOP和INCP指令作用，指定输出继电器Y0。

Y1、Y2脉冲列输出顺序，通过23、31、39行输出脉冲控制步进电动机正转（X000默认为OFF状态，电动机正转），若SB0合上，X000的状态为ON，电动机反转。按下按钮SB2，62行中X002闭合，D0在M8012的0.1s脉冲下进行加1计数，即对步进电动机减速调整，并设定最高频率K5000时断开，同理，按下按钮SB3，X003闭合，对步进电动机进行加速调整，并设定最低频率K200时断开。再按下按钮SB1，X001、Y004和M0由"1"翻转为"0"，运行指示灯HL熄灭，Y004动合触点断开、动断触点闭合，将输出继电器Y0～Y3复位，电动机停止。

> 现代自动控制设备中，步进电动机的应用越来越多，对步进电动机的控制成为一个普遍性的问题。由于现今的PLC功能越来越强，指令速度越来越快，用微小型PLC就能构成各种的步进电动机控制系统，具有控制简单、运行稳定、开发周期短等优点，是一种切实可行的步进电动机控制方案。本例主要介绍的是PLC直接经功放器驱动步进电动机的开环控制，程序具有正、反转，加、减速调整，频率设定等功能，用特殊功能辅助继电器M8012的脉冲信号控制步进电动机运行，程序结构合理、可读性好。如果用旋转编码器做速度或位置反馈，结合PLC的高速脉冲计数功能，还可实现闭环控制。

【例 77】 伺服电动机的速度控制

1. 控制要求

伺服电动机循环运行曲线如图 4-8 所示。按下启动按钮，伺服电动机按所示速度曲线循环运行，按下停止按钮，电动机马上停止。当出现故障报警信号时，系统停止运行，报警灯闪烁。速度要求见表 4-5。

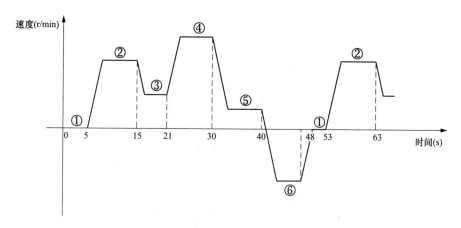

图 4-8　伺服电动机循环运行曲线

表 4-5　　　　　　　　　　　　速　度　要　求

区间	速度（r/min）
速度 1	0
速度 2	1000
速度 3	800
速度 4	1500
速度 5	400
速度 6	−900

2. 分析

从控制要求看出，一共有 6 段速度，要求循环运行，每一段都有时间控制，因此可以通过 PLC 来控制。

（1）根据控制要求设计系统原理图，如图 4-9 所示。在设计电路时，可以先设计主电路，主电路是表示系统中各设备的供电情况，再设计控制回路，控制回路主要体现 PLC 与伺服驱动器之间的控制关系。

（2）系统参数设置，见表 4-6。

（3）分析电动机运行的速度和 PLC 输出之间的逻辑关系，见表 4-7。

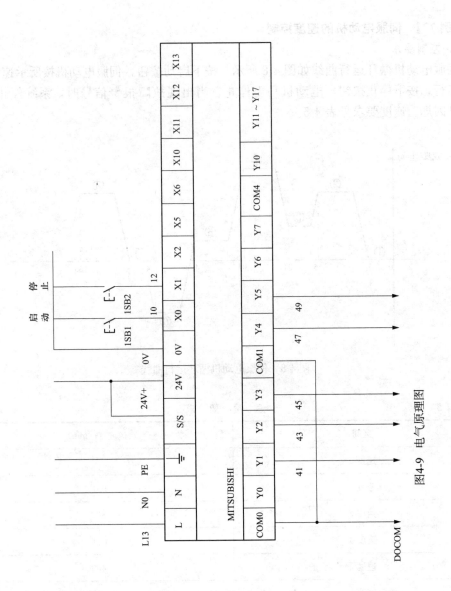

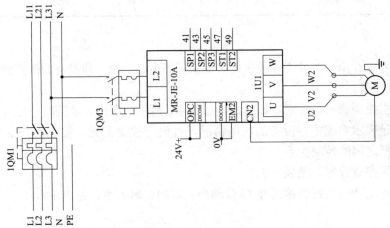

图4-9 电气原理图

表 4-6 系 统 参 数 设 置

参数	名称	出厂值	设定值	说明
NO. 0	控制模式选择	0000	0002	设置成速度控制模式
NO. 8	内部速度1	100	0	0r/min
NO. 9	内部速度2	500	1000	1000r/min
NO. 10	内部速度3	1000	800	800r/min
NO. 11	加速时间常数	0	1000	1000ms
NO. 12	减速时间常数	0	1000	1000ms
NO. 41	用于设定SON、LSP、LSN的自动置ON	0000	0111	SON、LSP、LSN内部自动置ON
NO. 43	输入信号选择2	0111	0AA1	在速度模式、转矩模式下把CN1B-5（SON）改成SP3
NO. 72	内部速度4	200	1500	1500r/min
NO. 73	内部速度5	300	400	400r/min
NO. 74	内部速度6	500	900	900r/min

表 4-7 电动机运行的速度和 PLC 输出之间的逻辑关系

外部输入信号					速度指令
ST1（Y4）	ST2（Y5）	SP1（Y1）	SP2（Y2）	SP3（Y3）	
0	0	0	0	0	电动机停止
1	0	1	0	0	速度1（NO.8＝0）
1	0	0	1	0	速度2（NO.9＝1000）
1	0	1	1	0	速度3（NO.10＝800）
1	0	0	0	1	速度4（NO.72＝1500）
1	0	1	0	1	速度5（NO.73＝400）
0	1	0	1	1	速度6（NO.74＝900）

3. 程序

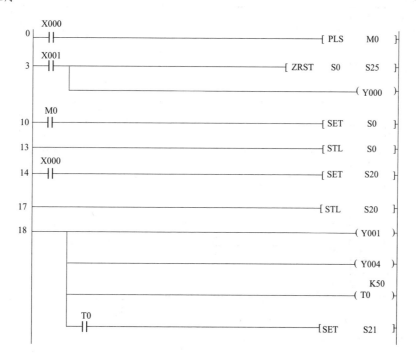

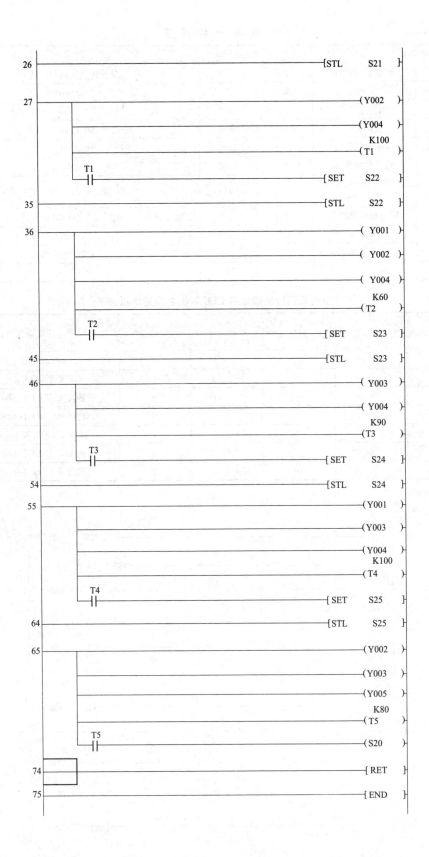

【例78】 伺服电动机的张力控制系统

1. 控制要求

有一收卷系统，要求在收卷时纸张所受到的张力保持不变，当收卷到100m时，电动机停止，切刀纸工作，把纸切断。工作示意图如图4-10所示。

2. 分析

（1）这是一个收卷系统，要求在收卷的过程中受到的张力不变，开始时，收卷

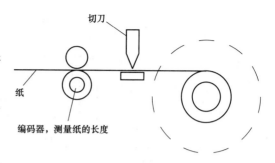

图4-10 工作示意图

半径小，要求电动机转得快，当收卷半径变大时，电动机转速要相应变慢。因此采用转矩控制模式。

（2）由于要测量纸张的长度，所以需要装一个编码器，假设编码器的分辨率是1000脉冲/r，安装编码器的辊子周长是50mm。所以纸张的长度和编码器输出脉冲的关系式：

$$编码器输出的脉冲数 = \frac{纸张的长度（m）}{50} \times 1000 \times 1000$$

（3）电气原理图设计，如图4-11所示。

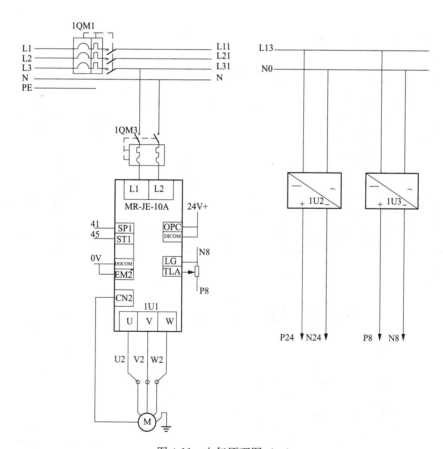

图4-11 电气原理图（一）

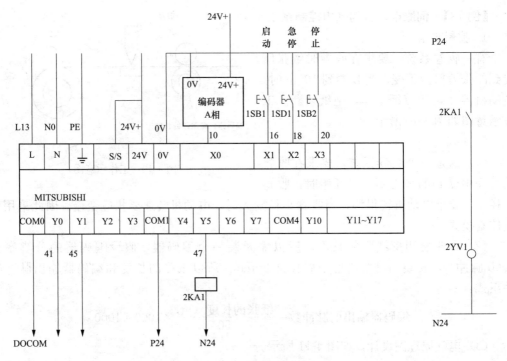

图 4-11　电气原理图（二）

（4）参数设置，见表 4-8。

表 4-8　　　　　　　　　　　　参　数　设　置

参数	名称	出厂值	设定值	说明
No.0	控制模式选择	0000	0004	设置成转矩控制模式
No.2	自动调整	0105	0105	设置为自动调整
No.8	内部速度1	100	1000	1000r/min
No.11	加速时间常数	0	500	500ms
No.12	减速时间常数	0	500	500ms
No.20	功能选择2	0000	0010	停止时伺服锁定，停电时不能自动重新启动
No.41	用于设定 SON、LSP、LSN 是否内部自动设置 ON	0000	0001	SON 内部置 ON，LSP、LSN 外部置 ON

3. 程序

```
17  X003                                        ─[RST    C235 ]
    ─┤├─┬──────────────────────────────────────
    C235│
    ─┤├─┘
21  M0                                              D0
    ─┤├───────────────────────────────────────────(C235 )
27  C235  T0                                        
    ─┤├──┤/├──────────────────────────────────────(Y005 )
    Y005                                            K10
    ─┤├───────────────────────────────────────────(T0  )
36  ─────────────────────────────────────────────[END  ]
```

【例 79】 伺服电动机的位置控制

1. 控制要求

伺服电动机带动丝杠转动，丝杠带动工作杆作前进后退的运动。在工作杆上装有电磁铁，用来吸取小料件，各工位间距离如图 4-12 所示。工作流程：工作杆移动到接料位置吸料，吸料 1s 后，工作杆移动到放料管 1、2、3 放料。一开始先在放料管 1 处放料，放料管 1 装满 6 个后，下次自动转移放料管 2 放料，同样，放料管 2 装满 6 个后，下次自动转移放料管 3 放料，如此循环放料。整个系统具有手动、回原点、自动操作功能。一个吸料、放料周期控制在 5s 以内。通过外部操作面板实现全部操作功能。

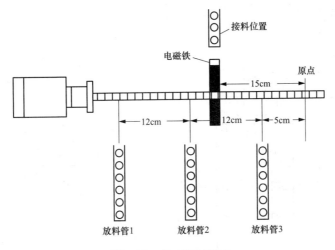

图 4-12 各工位间距离

2. 系统参数

伺服电机编码器分辨率为：131072，丝杠的螺距为 1cm，脉冲当量定义为 $1\mu m$。

3. 分析

(1) 首先此系统采用伺服位置控制方式，上位机采用 FX1S-30MT 的 PLC 来控制。因此各工位间的距离通过 PLC 发出的脉冲数量来控制，速度由脉冲频率控制。

(2) 控制面板或人机画面布置及信号分配如图 4-13 所示。

(3) 设计电气原理图如图 4-14 所示。

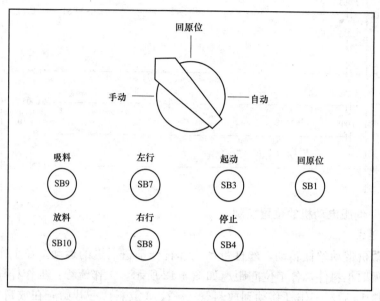

图 4-13 控制面板或人机画面布置及信号分配

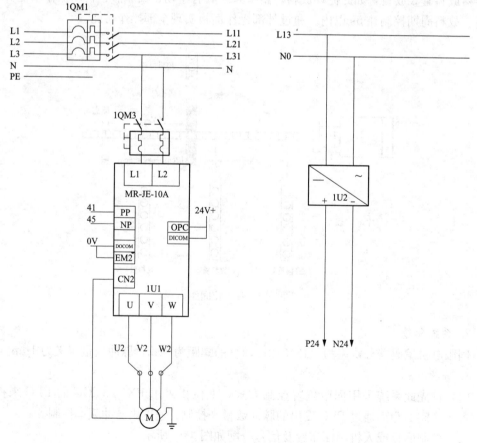

图 4-14 电气原理图（一）

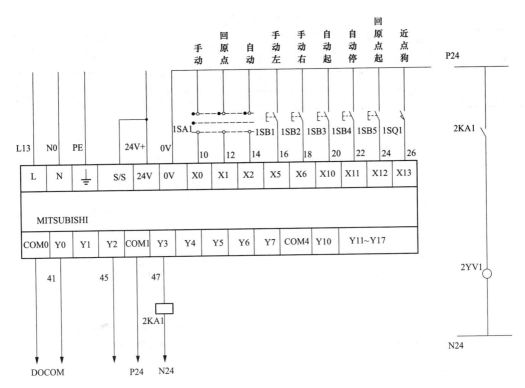

图 4-14 电气原理图（二）

（4）伺服系统计算。

1）电子齿轮比计算。因脉冲当量为 1μm，则 PLC 发出一个脉冲，工作杆可以移动 1μm。丝杠螺距为 1cm，则要使工作杆移动一个螺距，PLC 需要发出 10000 个脉冲。故电子齿轮比为

$$CMX/CDV=131072/10000=8192/625$$

2）脉冲距离计算。

a. 从原点到接料位置 15cm，而一个脉冲能移动 1μm，则 15cm 需要发出 150000 个脉冲。

b. 从接料位置到放料管 1 位置是 14cm，则 PLC 要发 140000 个脉冲。

c. 从接料位置到放料管 2 位置是 2cm，则 PLC 要发 20000 个脉冲。

d. 从接料位置到放料管 3 位置是 10cm，则 PLC 要发 100000 个脉冲。

3）脉冲频率（伺服电动机转速）计算。

a. 点动速度：点动速度一般没具体要求，这里定义为 0.5r/s，则要求点动时的脉冲频率为 0.5×10000＝5000Hz。

b. 原点回归速度：高速定义为 0.75r/s，低速（爬行速度）为 0.25r/s，故要求原点回归高速频率为 7500Hz，低速为 2500Hz。

c. 自动运行速度：因为要求中，工作周期为 5s，因此定义自动运行频率为 40000Hz，即 4r/s，也即 1 秒能走 4cm，应该能满足要求。

（5）参数设置，见表 4-9。

表4-9　　　　　　　　　　　　　参 数 设 置

参数	名称	出厂值	设定值	说明
NO.3	电子齿轮分子	1	8192	设置成上位机发出10000个脉冲电动机转一周
NO.4	电子齿轮分母	1	625	
NO.21	功能选择3	0000	0001	用于选择脉冲串输入信号波形（设定脉冲加方向控制）

4. 程序

（1）手动（点动）程序如下：

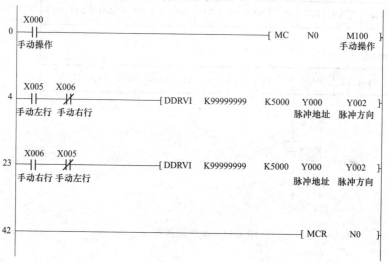

（2）原位回归程序如下：

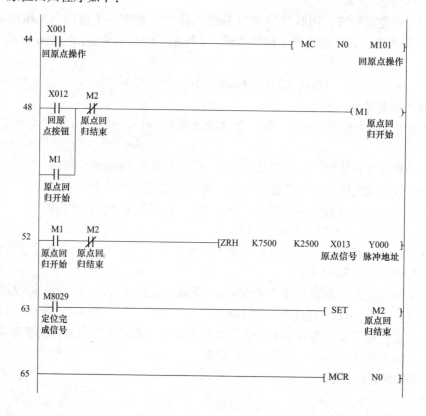

（3）自动运行程序如下：

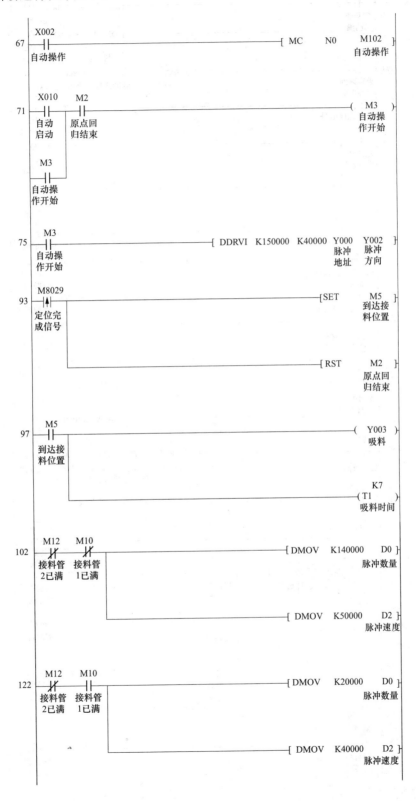

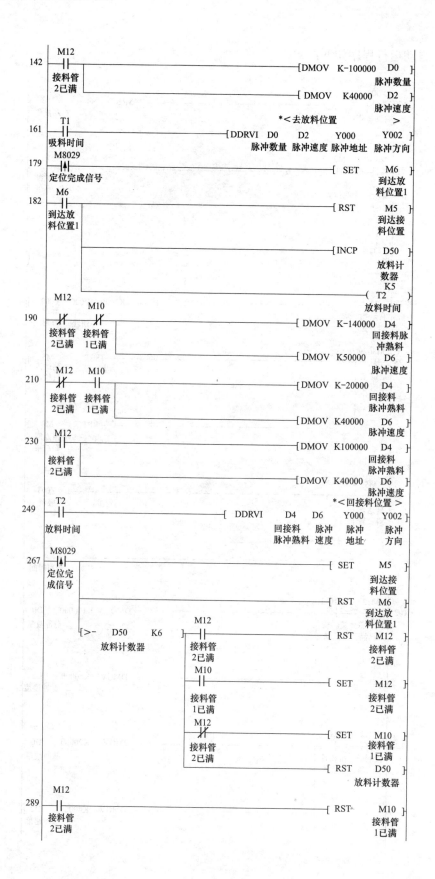

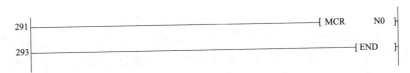

【例80】 3台电动机比值同步控制与位置跟随控制

1. 3台电动机传动系统

3台电动机传动系统示意图如图4-15所示。其中，对辊尺寸均相同，均为空心辊，采用汽缸加压，对辊与带材之间无滑移。3套伺服驱动器、伺服电动机（带增量式编码器）和减速机的规格均相同。要求编写比值同步控制与位置跟随控制程序，不包括输出驱动部分。

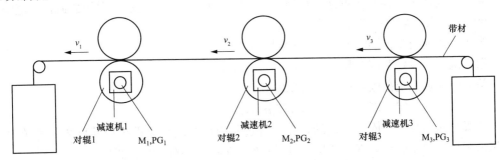

图 4-15　3台电动机传动系统示意图

比值同步控制与位置跟随控制系统框图如图4-16所示。图中的实线部分为比值同步控制框图，虚线部分构成位置跟随控制框图。

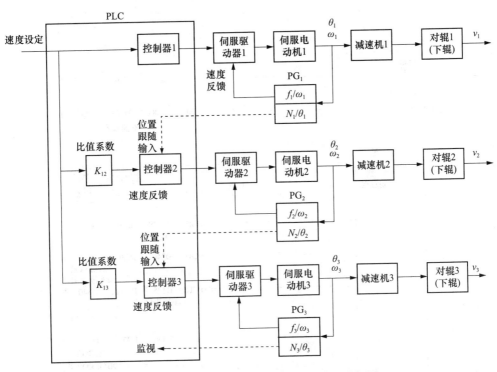

图 4-16　比值同步控制与位置跟随控制系统框图

2. 控制要求

在图 4-15 中, 每套传动单元都包括对辊、减速机、伺服电动机（带编码器）和伺服驱动器, 设 1 号传动单元为主令单元, 所谓主令单元是指其线速度 v, 即多单元传动系统的车速, 要求其他单元与主令单元同步运行。

比值同步控制的框图如图 4-16 中的实线部分所示。工程实践表明, 尽管 3 套传动单元的机械和电气部件的尺寸和规格都相同, 但由于部件本身的非线性和负载特性的差异, 如果给 3 套传动单元相同的速度设定值, 线速度 v_1、v_2、v_3 并不相同, 因此需要设置比值系数, 而且在低速、中速、高速段还需要设置不同的比值系数。

3. 程序

系统车速设定值存放在数据寄存器 D128 中, 用 [D128] 表示其中的数据, 其范围是 0~4000cm/min, 将这一范围划分为 4 级。

第 1 级车速设定范围: $K_{100} \leqslant [D128] \leqslant K_{1000}$;

第 2 级车速设定范围: $K_{1001} \leqslant [D128] \leqslant K_{2000}$;

第 3 级车速设定范围: $K_{2001} \leqslant [D128] \leqslant K_{3000}$;

第 4 级车速设定范围: $K_{3001} \leqslant [D128] \leqslant K_{4000}$。

各级区间的数值是依次衔接的。在运行过程中, 系统车速设定值 [D128] 落在任一区间都有相应的比值系数 K_{12} 和 K_{13}。比值同步控制设定部分程序如下:

```
86  X000
    ─┤├─┬───────────────────────────┤ ZCP    K1001    K2000    D128    M3 ├
     │                                       车速设定
     │  M4
     ├──┤├─────────────────────────────┤ MOV    D128     D160 ├
     │                                        车速设定 第2级单元1
     第二级                                              车速设定
     控制触点
     │        ┌──────────────────────┤ DMUL   D128     D202    D240 ├
     │        │                             车速设定
     │        ├──────────────────────┤ DDIV   D240     D232    D260 ├
     │        │                                       第2级单元2
     │        │                                         车速设定
     │        ├──────────────────────┤ DMUL   D128     D302    D340 ├
     │        │                             车速设定
     │        └──────────────────────┤ DDIV   D340     D332    D360 ├
     │                                                 第2级单元3
     │                                                   车速设定

154 X000
    ─┤├─┬───────────────────────────┤ ZCP    K2001    K3000    D128    M6 ├
     │                                       车速设定
     │  M7
     ├──┤├─────────────────────────────┤ MOV    D128     D160 ├
     │                                        车速设定 第3级单元1
     第三级                                              车速设定
     控制触点
     │        ┌──────────────────────┤ DMUL   D128     D204    D240 ├
     │        │                             车速设定
     │        ├──────────────────────┤ DDIV   D240     D234    D260 ├
     │        │                                       第3级单元2
     │        │                                         车速设定
     │        ├──────────────────────┤ DMUL   D128     D304    D340 ├
     │        │                             车速设定
     │        └──────────────────────┤ DDIV   D340     D334    D360 ├
     │                                                 第3级单元3
     │                                                   车速设定

222 X000
    ─┤├─┬───────────────────────────┤ ZCP    K3001    K4000    D128    M9 ├
     │                                       车速设定
     │  M10
     ├──┤├─────────────────────────────┤ MOV    D128     D160 ├
     │                                        车速设定 第4级单元1
     第四级                                              车速设定
     控制触点
     │        ┌──────────────────────┤ DMUL   D128     D206    D240 ├
     │        │                             车速设定
     │        ├──────────────────────┤ DDIV   D240     D236    D260 ├
     │        │                                       第4级单元2
     │        │                                         车速设定
     │        ├──────────────────────┤ DMUL   D128     D306    D340 ├
     │        │                             车速设定
     │        └──────────────────────┤ DDIV   D340     D336    D360 ├
     │                                                 第4级单元3
     │                                                   车速设定

290 ──────────────────────────────────────────┤ END ├
```

【例81】 单点定位往复运动控制

控制要求：使用 FX-1PG/FX2n-1PG 特殊模块控制 MR-J2 伺服放大器，单点定位往复运动。

程序如下：

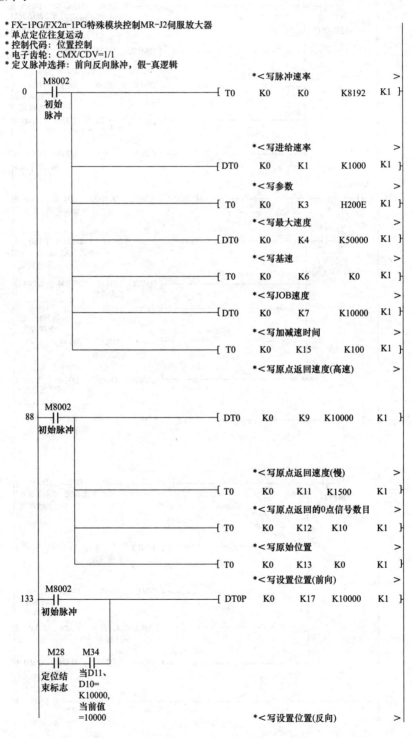

```
* FX-1PG/FX2n-1PG特殊模块控制MR-J2伺服放大器
* 单点定位往复运动
* 控制代码：位置控制
* 电子齿轮：CMX/CDV=1/1
* 定义脉冲选择：前向反向脉冲，假-真逻辑
```

*<写脉冲速率   >
0 ┤├ M8002   ───[T0   K0   K0   K8192   K1]
   初始脉冲

*<写进给速率   >
        ───[DT0   K0   K1   K1000   K1]

*<写参数   >
        ───[T0   K0   K3   H200E   K1]

*<写最大速度   >
        ───[DT0   K0   K4   K50000 K1]

*<写基速   >
        ───[T0   K0   K6   K0   K1]

*<写JOB速度   >
        ───[DT0   K0   K7   K10000 K1]

*<写加减速时间   >
        ───[T0   K0   K15   K100   K1]

*<写原点返回速度(高速)   >
88 ┤├ M8002   ───[DT0   K0   K9   K10000 K1]
   初始脉冲

*<写原点返回速度(慢)   >
        ───[T0   K0   K11   K1500   K1]

*<写原点返回的0点信号数目   >
        ───[T0   K0   K12   K10   K1]

*<写原始位置   >
        ───[T0   K0   K13   K0   K1]

*<写设置位置(前向)   >
133 ┤├ M8002   ───[DT0P K0   K17   K10000 K1]
    初始脉冲

   ┤├   ┤├
   M28 M34
   定位结 当D11、
   束标志 D10=
        K10000,
        当前值
        =10000

*<写设置位置(反向)   >
```
```

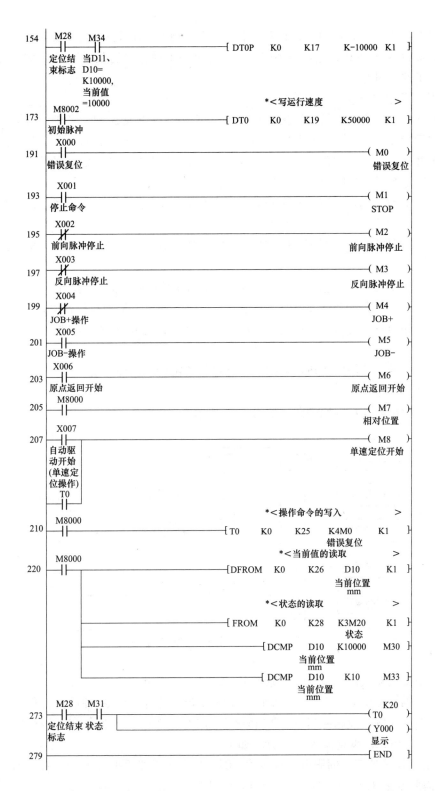

【例82】 桁架机器人控制系统

1. 系统工作过程

桁架机器人 *X* 轴和 *Z* 轴一开始在原点，之后 *Z* 轴下降到位，气爪夹紧工件，然后 *Z*

轴回到原点，X轴向右移动并且移动到位，然后Z轴下降到位，气爪松开工件，Z轴上升到位，最后X轴回到原点，循环往复。每完成一个动作均有延时1s，比如下降到位延时，夹紧工件延时等。

2. 控制要求

（1）除启动、急停以及伺服报警和X轴、Z轴原点以及X轴、Z轴终点限位外，其余按钮均设置在HMI中。可以在HMI中设置X轴移动距离及速度、Z轴移动距离及速度。由于调试的便捷，本例程序中直接输入了X轴及Z轴的脉冲数及脉冲频率，在实际设置时只需把常量改成寄存器与HMI一致即可。

（2）有手动/自动/回原点转换开关，手动模式时，可以手动对X轴、Z轴伺服来回点动控制。

（3）回原点模式时，X轴和Z轴均单独操作，并且要求回原点之后才能进入自动模式。

（4）自动模式时，X轴、Z轴均在原点，按下触摸屏"启动"按钮，完成Z轴下降到位并延时、气爪夹紧工件并延时、Z轴上升到位并延时、X轴右行到位并延时、Z轴二次下降到位并延时、气爪松开并延时、Z轴二次上升到位并延时、X轴左行到位并延时，如此循环。

（5）仅设置"急停"按钮，当按下"急停"按钮后，立即停机。

3. 分析

（1）桁架机器人控制原理图，如图4-17所示。

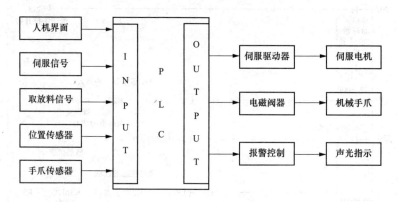

图4-17　桁架机器人控制原理图

（2）桁架机器人控制系统电气原理图，如图4-18所示。

（3）二轴桁架机器人X（Z）轴脉冲及脉冲频率计算。以X轴最大行程1800，Z轴最大行程600为例，设脉冲当量为10微米，则PLC发出一个脉冲，X轴移动$10\mu m$。设齿条节距15.7mm，齿轮齿数20，计算如下。

1）电子齿轮计算。伺服电动机转动一圈，相当于机器手平移$15.7 \times 20 = 314$mm。那么PLC需要发出$314000/10 = 31400$个脉冲，即

$$31400 \times CMX/CDV = 131072$$
$$CMX/CDV = 16384/3925$$

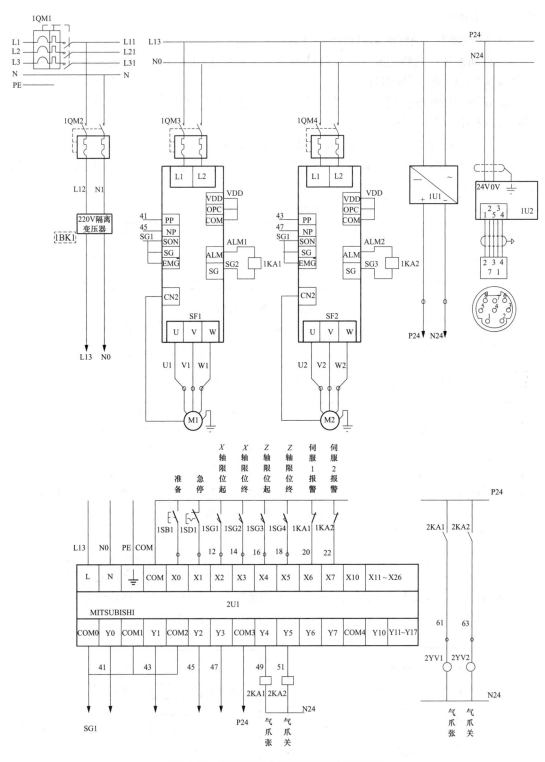

图 4-18　桁架机器人控制系统电气原理图

2）脉冲距离计算。X 轴从 A 点到 B 点位置 1800mm，而一个脉冲能移动 $10\mu m$，则 PLC 需要发出 1800000/10＝180000 个脉冲；Z 轴从上至下位置是 600mm，则 PLC 要发出 60000 个脉冲。

3）脉冲频率（伺服电动机转速）计算。

a. 点动速度：点动速度一般没具体要求，这里定义为 0.5r/s，则要求点动时的脉冲频率为 0.5×10000＝5000Hz。

b. 原点回归速度：定义高速为 0.75r/s，低速（爬行速度）为 0.25r/s，则要求原点回归高速频率为 7500Hz，低速为 2500Hz。

c. 自动运行速度：定义为 4r/s，则自动运行频率为 40000Hz。

（4）桁架机器人伺服驱动器参数设置。X 轴伺服驱动器参数设置见表 4-10；Z 轴伺服驱动器参数设置见表 4-11。

表 4-10 X 轴伺服驱动器参数设置

参数	名称	出厂值	设定值	说明
NO. 3	电子齿轮分子	1	16384	设置成上位机发出 31400 个脉冲电动机转一周
NO. 4	电子齿轮分母	1	3925	
NO. 21	功能选择 3	0000	0001	用于选择脉冲串输入信号波形（设定脉冲加方向控制）

表 4-11 Z 轴伺服驱动器参数设置

参数	名称	出厂值	设定值	说明
NO. 3	电子齿轮分子	1	16384	设置成上位机发出 31400 个脉冲电动机转一周
NO. 4	电子齿轮分母	1	3925	
NO. 21	功能选择 3	0000	0001	用于选择脉冲串输入信号波形（设定脉冲加方向控制）

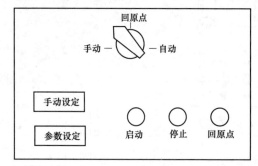

图 4-19   主界面

（5）人机界面设计。人机界面由多个界面组成，分别为主界面，如图 4-19 所示，手动界面，如图 4-20 所示，参数设定界面，如图 4-21 所示。主界面具有手动、回原点以及自动选择按钮，当按手动设定时即进入手动界面，当按参数设定时进入参数设定界面。手动界面具有 X 轴的左行和右行，Z 轴的上行和下行，气爪夹紧和松开的功能。参数设定界面是桁架机器人在自动运行时，可以设定 X 轴脉冲数，即代表 X 轴移动的距离；Z 轴脉冲数，即代表 Z 轴移动的距离；以及 X 轴和 Z 轴的脉冲频率，即代表 X 轴和 Z 轴的伺服电动机运动速度。

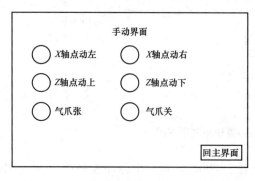

图 4-20   手动界面

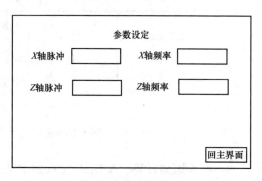

图 4-21   参数设定界面

4. 程序

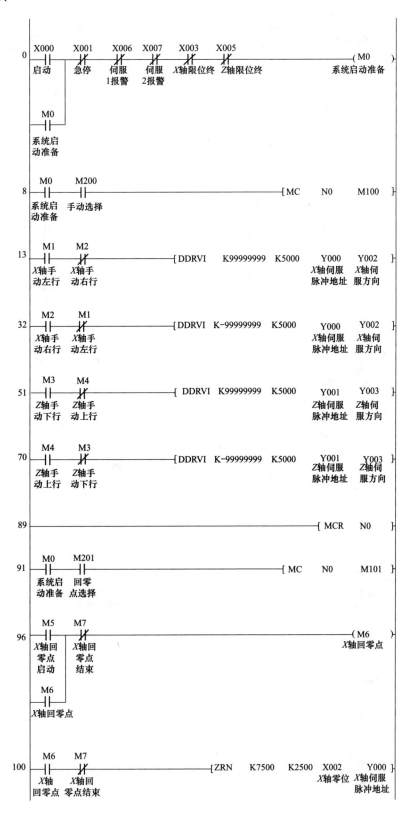

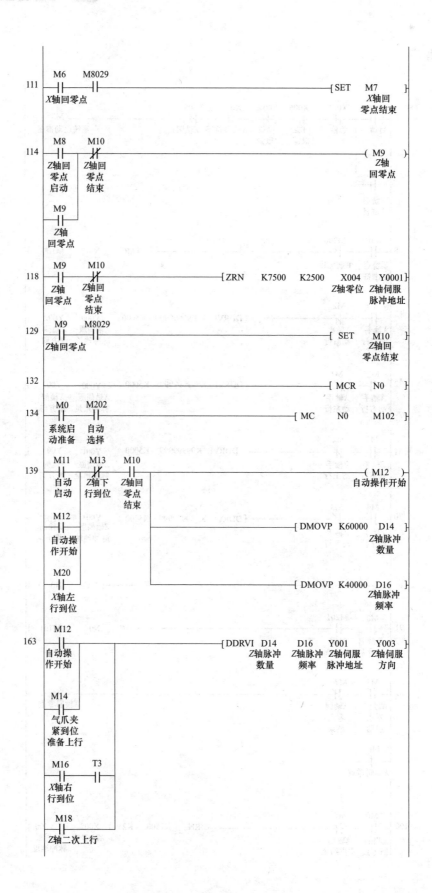

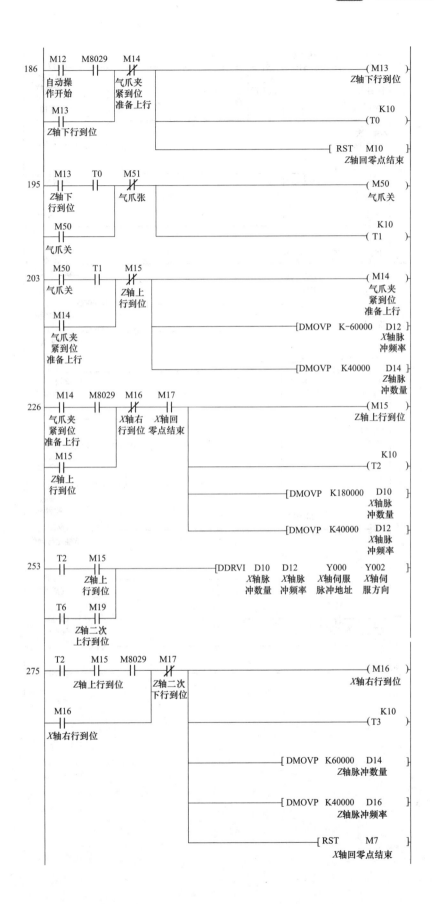

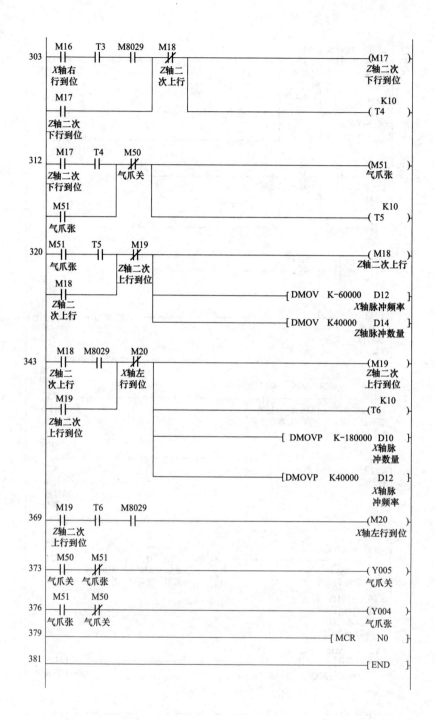

第五章

PLC控制系统通信案例解析

PLC与PLC、PLC与计算机、PLC与人机界面以及PLC与其他智能装置间的通信，可提高PLC的控制能力及扩大PLC控制领域；可便于对系统监视与操作；可简化系统安装与维修；可使自动化从设备级，发展到生产线级，车间级，甚至工厂级，实现在信息化基础上的自动化（e自动化），为实现智能化工厂、透明工厂及全集成自动化系统提供技术支持。工厂自动化的网络通信示意图如图5-1所示。

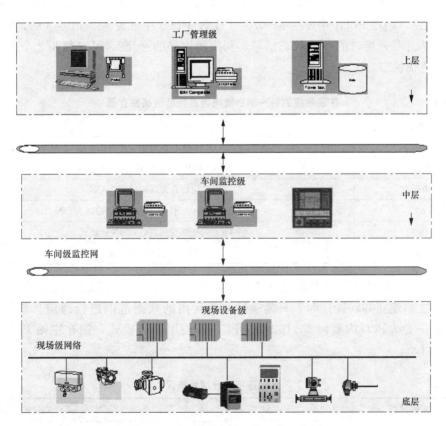

图5-1 工厂自动化的网络通信示意图

图5-1中，底层是PLC与现场仪器、仪表间的数据通信；中层是PLC与现场监控设备间的数据通信；上层是上位机网络之间的通信。

【例83】 并联连接

1. 控制要求

并联连接就是连接2台同一系列的FX系列PLC，进行软件间相互连接，实现信息互换的功能。可以实现①2个FX2N系列PLC进行并联连接；②按下主站PLC的X0，控制从站的 Y0 一直亮；③按下从站的 X3，控制主站的 Y1 闪烁。2 个 FX2N 系列 PLC 进行并联连接示意图如图 5-2 所示。

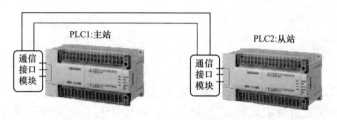

图 5-2 2 个 FX2N 系列 PLC 进行并联连接示意图

2. 分析

（1）并联连接的特殊辅助继电器及特殊数据寄存器见表 5-1。确定 PLC1 为主站，PLC2 为从站，则在 PLC1 中要使 M8070 为 ON，PLC2 中要使 M8071 为 ON，M8072 及 M8073 作为并联连接时的一个状态信号，利用此信号的通/断，可以判断 2 个 PLC 是否正在并联连接状态。

表 5-1   并联连接的特殊辅助继电器及特殊数据寄存器

元件名	操作
M8070	为 ON 时 PLC 作为并联连接的主站
M8071	为 ON 时 PLC 作为并联连接的从站
M8072	PLC 运行在并联连接时为 ON
M8073	M8070 和 M8071 任何一个设置出错时为 ON
M8162	OFF 为标准模式，ON 为快速模式
D8070	并联连接的监视时间

（2）并联连接的数据共享区见表 5-2。共享区是 PLC1 及 PLC2 通信时使用的数据区，PLC 之间建立并联连接时，只能通过共享区内的数据范围进行通信。若使用标准模式，则在主站 PLC 内要使 M8162 为 OFF，若使用快速模式，则在主站 PLC 内要使 M8162 为 ON。

表 5-2   并联连接的数据共享区

模式	通信设备	FX2N（C）FX1N
标准模式	主站共享区	M800-M899 D490-D499
	从站共享区	M900-M999 D500-D509
快速模式	主站共享区	D490，D491
	从站共享器	D500，D501

（3）适用于 FX 系列 PLC 进行并联连接的通信设备，有 232/422/485 通信板，适配器等，并联连接的 PLC 及通信设备的组合使用，见表 5-3。

表 5-3   并联连接的 PLC 及通信设备的组合使用

FX 系列	通信设备（选件）	总延长距离（m）
FX0WN	FX2NC-485ADP（欧式端子排） / FX0N-485ADP（端子排）	500
FX IS	FX1N-485-BD（欧式端子排）	50
	FX1N-CNV-BD + FX2NC-485ADP（欧式端子排） / FX1N-CNV-BD + FX0N-485ADP（端子排）	500
FX1N	FX1N-485-BD（欧式端子排）	50
	FX1N-CNV-BD + FX2NC-485ADP（欧式端子排） / FX1N-CNV-BD + FX0N-485ADP（端子排）	500
FX2N	FX2N-485-BD	50
	FX2N-CNV-BD + FX2NC-485ADP（欧式端子排） / FX2N-CNV-BD + FX0N-485ADP（端子排）	500

3. 并联连接通信的接线

(1) 1 对接线的场合，如图 5-3 所示。

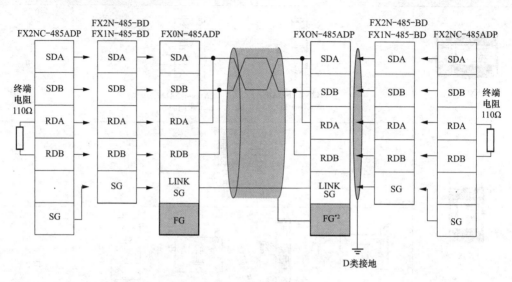

图 5-3 1 对接线的场合

(2) 2 对接线的场合，如图 5-4 所示。

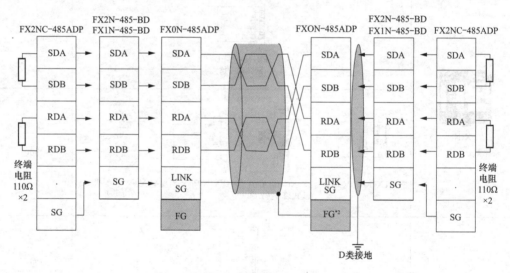

图 5-4 2 对接线的场合

4. 程序

(1) PLC1 主站程序如下：

把主站的 X0 的状态送入主站的共享区 M800 内；从站中用 M800，即为主站的 M800，也即主站的 X0 的状态。M900 为从站共享区，主站中用它，也就是用了从站的数据。

（2）PLC2 从站程序如下：

M8000
├┤├───(M8071)
                                              设置为从站

M800
├┤├───(Y001)
主站共享区   从站Y0信号

Y001
├┤├
从站Y0信号

X003
├┤├───(M900)
从站信号   从站共享区

M800 是主站中的数据，用它来控制从站的 Y000。M900 是从站的数据，主站中用它，就是从站的数据，也就是从站的 X3 信号。

【例 84】 $N:N$ 网络连接

1. 控制要求

$N:N$ 网络通信就是在最多 8 台 FX 系列 PLC 之间，通过 RS-485 通信连接，进行软元件信息互换的功能。其中一台为主机，其余为从机（即主站与从站），$N:N$ 网络通信示意图，如图 5-5 所示。

现有 3 台 FX2N 系列 PLC 通过 $N:N$ 网络交换数据。控制要求实现：①主站的 X0～X3 控制从站 1 的 Y0～Y3；②从站 1 的 X0～X3 控制从站 2 的 Y14～Y17；③从站 2 的 X0～X3 控制主站的 Y20～Y23。

2. $N:N$ 网络简述

$N:N$ 网络通信时，同样需要确定主站及从站。不是所有的 FX 系列 PLC 都具有并联连接的功能。FX0S/FX1/FX2（C）系列 PLC 不能进行网络链接。在每台 PLC 的辅助继电器和数据寄存器中分别有一片系统制定的数据共享区，在此网络中的每台 PLC 都被指定分配自己的一块数据区。对于某一台 PLC 来说，分配给它的一块数据区会自动地传送到其他站的相同区域，同样，分配给其他 PLC 的数据区，也会自动的传送到此 PLC。

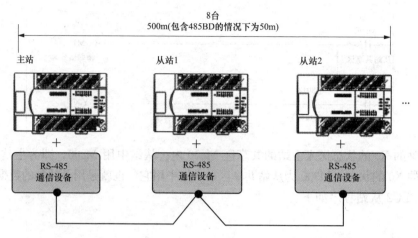

图 5-5　N∶N 网络通信示意图

（1）N∶N 网络通信特殊辅助继电器见表 5-4，M8038 是设置 N∶N 网络链接的特殊继电器。

表 5-4　　　　　　　　　　　　　N∶N 网络通信特殊辅助继电器

属性	FX1S	FX1N FX2N（C）	描述	响应类型
只读	M8038		用于 N∶N 网络参数设置	主/从站
只读	M504	M8183	有主站通信错误时为 ON	主站
只读	M505-M511	M8184-M8190	有从站通信错误时为 ON	主/从站
只读	M503	M8191	有别的站通信时为 ON	主/从站

（2）N∶N 网络通信特殊数据寄存器见表 5-5。N∶N 网络设置只有在程序运行或者 PLC 启动时才有效。

表 5-5　　　　　　　　　　　　　N∶N 网络通信特殊数据寄存器

属性	FX1S	FX1N FX2N（C）	描述	响应类型
只读	D8173		保存自己的站号	主/从站
只读	D8174		保存从站个数	主/从站
只读	D8175		保存刷新范围	主/从站
只写	D8176		设置站号	主/从站
只写	D8177		设置从站个数	主
只写	D8178		设置刷新范围	主
读/写	D8179		设置重试次数	主
读/写	D8180		设置通信超时时间	主
只写	D201	D8201	网络当前扫面时间	主/从站
只写	D202	D8202	网络最大扫描时间	主/从站
只写	D203	D8203	主站通信错误条数	从站
只写	D204～D210	D8204～D8210	从站 1～7 通信错误条数	主/从站
只写	D211	D8211	主站通信错误代码	从站
只写	D212～D218	D8212～D8218	从站 1～7 通信错误代码	主/从站

1）设置工作站号（D8176），D8176 的取值范围为 0～7，主站应设置为 0，从站设置为 1～7。比如，某 PLC 将 D8176 设为 0，则此 PLC 即为主站 PLC；某 PLC 将 D8176 设为 1，则此 PLC 即为从站 1；某 PLC 将 D8176 设为 2，则此 PLC 即为从站 2，以此类推。

2）设置从站个数（D8177），该设置只适用于主站，D8177 的设定范围为 1～7，默认值为 7。假设系统有 1 个主站，3 个从站，则在主站 PLC 中将 D8177 设置为 3。

3）设置刷新范围（D8178），刷新范围是指主站与从站共享的辅助继电器和数据寄存器的范围。刷新范围由主站的 D8178 来设置，可以设为 0、1、2 值，对应的刷新范围见表 5-6。$N:N$ 网络连接中，必须确定刷新范围的模式，否则通信用的共享继电器及寄存器都无法确定，默认情况下，刷新范围的模式为"模式 0"。

表 5-6　　　　　　　　　　刷　新　范　围

通信元件	刷新范围		
	模式 0	模式 1	模式 2
	FX0N，FX1S，FX1N，FX2N（C）	FX1N，FX2N（C）	FX1N，FX2N（C）
位元件	0 点	32 点	64 点
字元件	4 点	4 点	8 点

（3）共享辅助继电器及数据寄存器见表 5-7。

表 5-7　　　　　　　　　　共享辅助继电器及数据寄存器

站号	模式 0		模式 1		模式 2	
	位元件	4 点字元件	32 点位元件	4 点字元件	64 点位元件	8 点字元件
0	～	D0～D3	M1000～M1031	D0～D3	M1000～M1063	D0～D7
1	～	D10～D13	M1064～M1095	D10～D13	M1064～M1127	D10～D17
2	～	D20～D23	M1128～M1159	D20～D23	M1128～M1191	D20～D27
3	～	D30～D33	M1192～M1223	D30～D33	M1192～M1255	D30～D37
4	～	D40～D43	M1256～M1287	D40～D43	M1256～M1319	D40～D47
5	～	D50～D53	M1320～M1351	D50～D53	M1320～M1383	D50～D57
6	～	D60～D63	M1384～M1415	D60～D63	M1384～M1447	D60～D67
7	～	D70～D73	M1448～M1478	D70～D73	M1448～M1511	D70～D77

（4）$N:N$ 网络的 PLC 及通信设备见表 5-8。

表 5-8　　　　　　　　　　$N:N$ 网络的 PLC 及通信设备

FX 系列	通信设备（选件）	总延长距离（m）
FXON	FX2NC-485ADP（欧式端子排）　／　 FX0N-485ADP（端子排）	500

续表

FX 系列	通信设备（选件）	总延长距离（m）
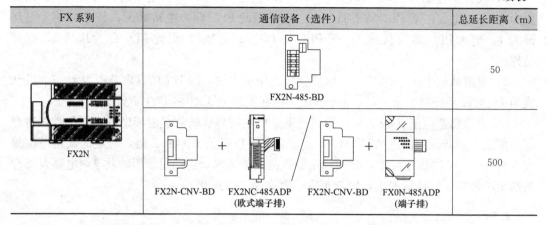FX2N	FX2N-485-BD	50
	FX2N-CNV-BD　FX2NC-485ADP（欧式端子排）　/　FX2N-CNV-BD　FX0N-485ADP（端子排）	500

3. N∶N 网络连接通信的接线

N∶N 网络连接通信的接线采用 1 对接线方式，如图 5-6 所示。

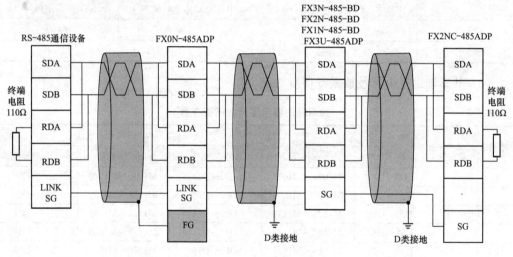

图 5-6　N∶N 网络的接线

4. 程序

（1）主站程序如下：

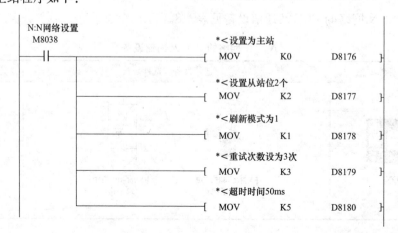

```
    M8000
     ┤├                              ┤ MOV      K1X000      K1M1000 ├
  如果从站2通信正常                       *<把从站2的数据控制K1Y20
    M8185
     ┤├                              ┤ MOV      K1X1128     K1Y020  ├
```

（2）从站1程序如下：

```
    M8038
     ┤├                              ┤ MOV      K1          D8176   ├
  N:N网络设置                                      设置为1号从站

                                     *<主站的M1000~M1003控制从站1的K1Y0>
    M8183
     ┤├                              ┤ MOV      K1M1000     K1Y000  ├
  主站通信正常

    M8185                            *<从站1的K1X0传给从站2的K1M1064>
     ┤├                              ┤ MOV      K1X000      K1M1064 ├
  2号从站通信正常
```

（3）从站2程序如下：

```
    M8038
     ┤├                              ┤ MOV      K2          D8176   ├
  N:N网络设置                                      设置为2号从站

                                     *<从站2的X0~X3传送到K1M1128>
    M8183
     ┤├                              ┤ MOV      K1X000      K1M1128 ├
  主站通信正常

                                     *<从站1的K1M1064控制从站2的K1Y14>
    M8184
     ┤├                              ┤ MOV      K1M1064     K1Y014  ├
  1号从站通信正常
```

【例85】 CC-Link 通信

1. CC-Link 简述

CC-Link 是 Control & Communication Link 的简称，是一种可以同时高速处理控制数据和信息数据的现场网络系统，可以提供高效、一体化的工厂和过程自动化控制。CC-Link 示意图如图 5-7 和图 5-8 所示，CC-Link 系统 T 型分支结构如图 5-9 所示。

2. CC-Link 系统配置

CC-Link 系统配置图如图 5-10 所示。

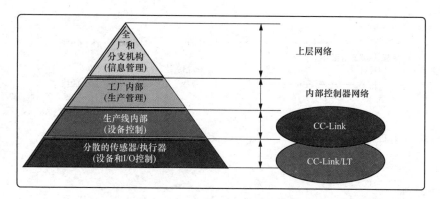

图 5-7　CC-Link 示意图

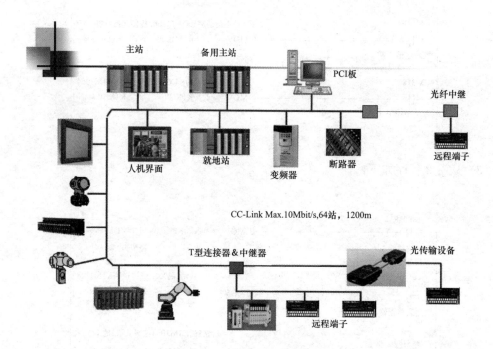

图 5-8　CC-Link 示意图

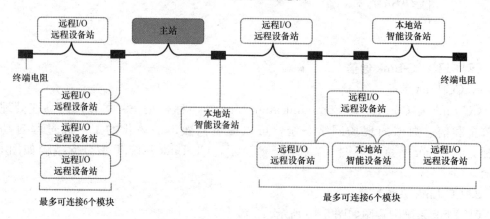

图 5-9　CC-Link 系统 T 型分支结构

—— 干线；—— 支线；■ T分支端子排/接线器

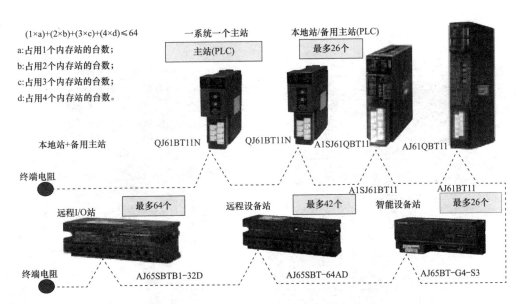

图 5-10　CC-Link 系统配置图

（1）各站的种类。CC-Link 各站的种类见表 5-9。

表 5-9　　　　　　　　　　　　　　CC-Link 各站的种类

类型	描述
主站	需有 PLC CPU，负责控制所有远程站、智能设备站和本地站。每一个 CC-Link 网络架构，只能有一个主站
本地站	需有 PLC CPU，可与主站通信，以及读取其他站（本地站、远程站、智能设备站）的信号
远程 I/O 站	不需有 PLC CPU，只能与主站做 bit 元件（RX RY）的通信，信号也可被本地站读取
远程设备站	不需有 PLC CPU，能与主站做 bit 元件（RX RY）和 Word 元件（RWw、RWr）的通信，信号也可被本地站读取
智能设备站	不需有 PLC CPU，基本功能与远程站一样，但具有较特殊的通信功能，如 AJ65BT-R2、AJ65BT-G4-S3 等，可以执行瞬时传送
备用主站	需有 PLC CPU，在未取得控制权时，其功能如同本地站一样，但在主站发生问题时，可通过网络特殊继电器的检测和程序的切换，来代替主站作控制

（2）主站/本地站模块。CC-Link 的主站/本地站模块如图 5-11 所示。

（3）远程 I/O 模块。CC-Link 的远程 I/O 模块如图 5-12 所示。

（4）QJ61BT11N 模块。QJ61BT11N 各部分名称及设定如图 5-13 所示。

（5）远程 I/O 模块。远程 I/O 模块型号及含义如图 5-14 所示。

3. 外部配线

CC-Link 的外部配线如图 5-15 所示，其接线如图 5-16 所示。

4. 硬件测试

硬件测试步骤如图 5-17 所示。将 PLC CPU 的 RUN/STOP 开关设置为"RUN"，系统状态会变成 SP. UNIT DOWN。当 PLC CPU 停止以便检查警戒定时器功能的运行时，要把 PLC CPU 的 RUN/STOP 开关设置为"STOP"，然后执行硬件测试。

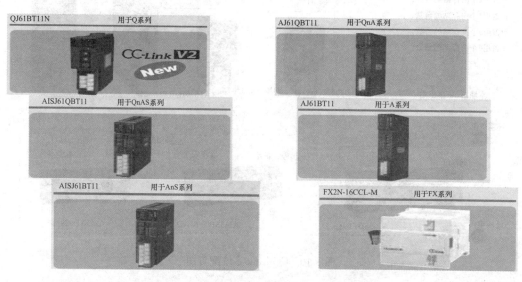

图 5-11 主站/本地站模块

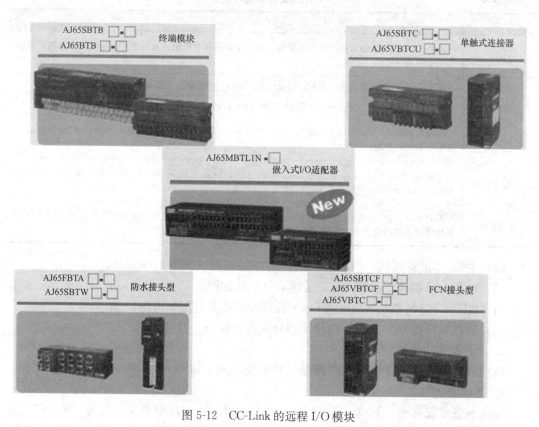

图 5-12 CC-Link 的远程 I/O 模块

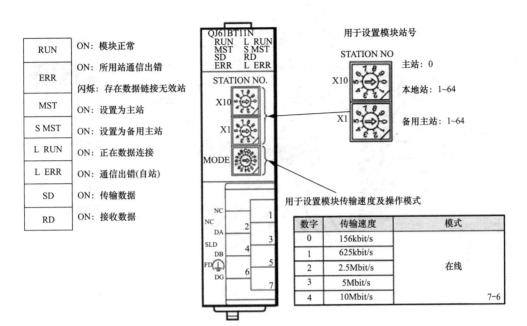

数字	传输速度	模式
0	156kbit/s	
1	625kbit/s	
2	2.5Mbit/s	在线
3	5Mbit/s	
4	10Mbit/s	7-6

图 5-13 QJ61BT11N 各部分名称及设定

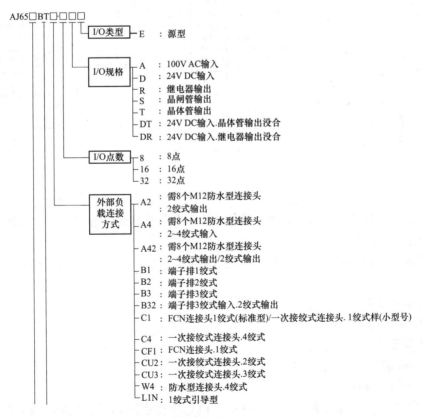

图 5-14 远程 I/O 模块型号及含义

165

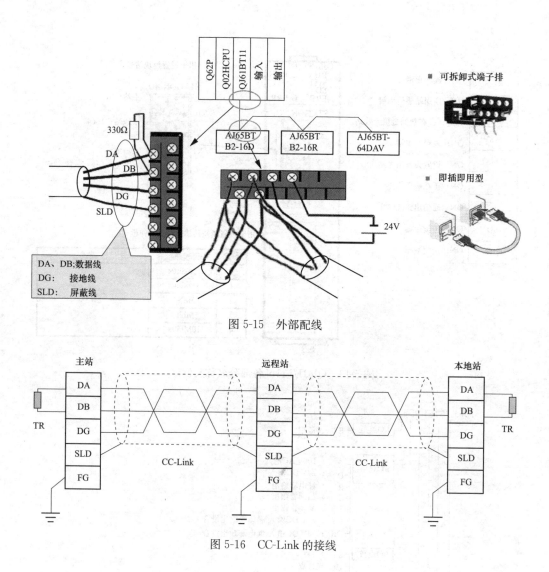

图 5-15　外部配线

图 5-16　CC-Link 的接线

5. 线路测试

线路测试 1 如图 5-18 所示，用于检查连接状态以及和远程站/本地站/智能设备站/备用主站的通信状态。

线路测试 2 如图 5-19 所示，用于检查与指定的远程站/本地站/智能设备站/备用主站的通信状态。

6. 内部通信架构

CC-Link 的内部通信架构如图 5-20～图 5-22 所示。

7. 通信元件传送方向

CC-Link 的通信元件传送方向如图 5-23 所示。

8. CC-Link 的设定

（1）Q 系列 PLC 与 Q 系列 PLC。Q 系列 PLC 与 Q 系列 PLC 连接架构如图 5-24 所示。

1）主站设置开关如图 5-25 所示。

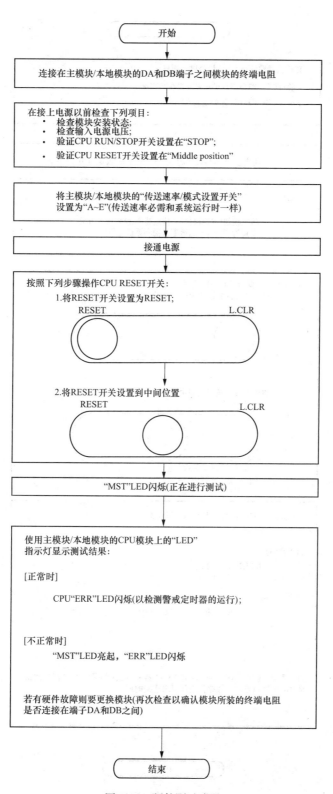

图 5-17　硬件测试步骤

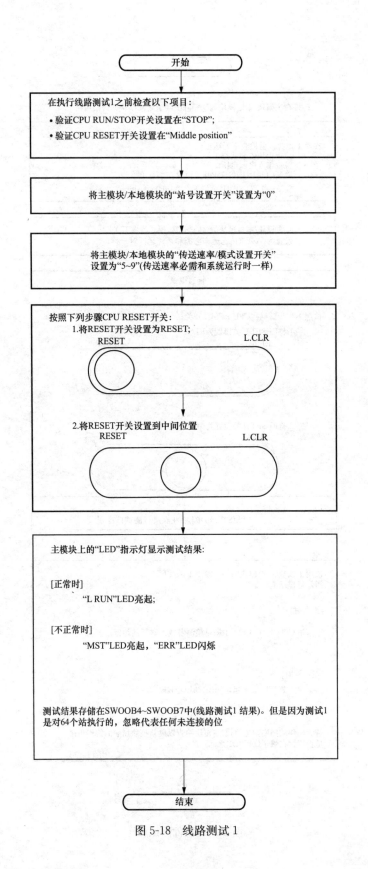

图 5-18   线路测试 1

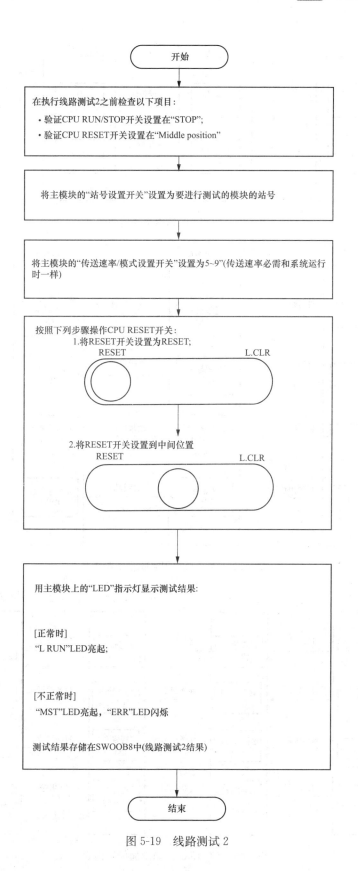

图 5-19   线路测试 2

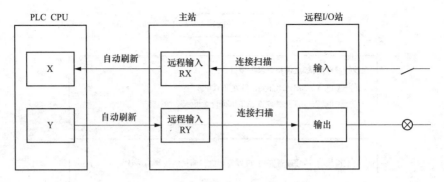

图 5-20　CC-Link 的内部通信架构 1

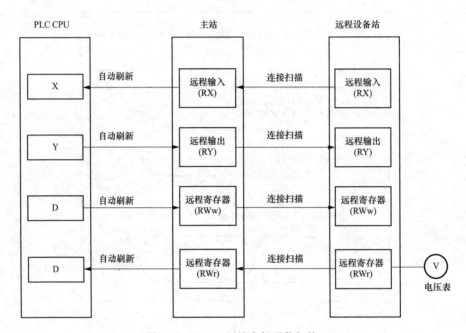

图 5-21　CC-Link 的内部通信架构 2

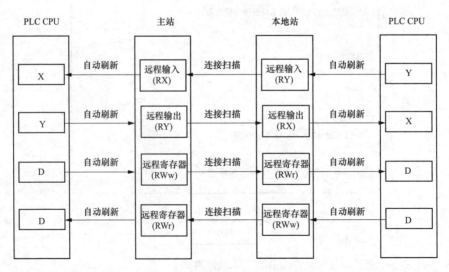

图 5-22　CC-Link 的内部通信架构 3

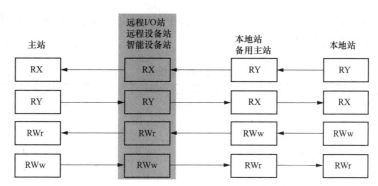

图 5-23　CC-Link 的通信元件传送方向

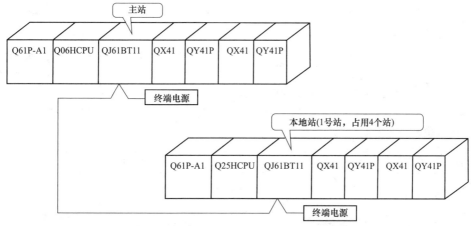

图 5-24　Q 系列 PLC 与 Q 系列 PLC 连接架构图

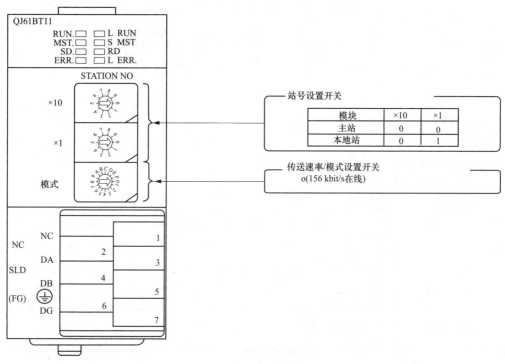

图 5-25　主站设置开关

2）主站参数设定。单击 parameter/network parameter/CC-LINK，主站参数的设定见表 5-10，主站参数 GPPW 设定画面如图 5-26 所示。

表 5-10 主 站 参 数 的 设 定

项目	设置范围	设置值
启动 I/O 地址	0000～0FE0	0000
操作设置	输入数据保持/清除 默认：清除	保持/清除
类型	主站 主站（双工功能） 本地站 备用主站 默认：主站	主站 主站（双工功能） 本地站 本地站
模式	在线（远程网络模式） 在线（远程 I/O 网络模式） 离线 默认：在线（远程网络模式）	在线（远程网络模式） 在线（远程 I/O 网络模式） 离线
所有连接数	1～64 默认：64	1 个模块
远程输入（RX）	软元件名称：从 X，M，L，B，D，W，R 或 ZR 中选择	
远程输出（RY）	软元件名称：从 Y，M，L，B，T，C，ST，D，W，R 或 ZR 中选择	
远程寄存器（RWr）	软元件名称：从 M，L，B，D，W，R 或 ZR 中选择	
远程寄存器（RWw）	软元件名称：从 M，L，B，T，C，ST，D，W，R 或 ZR 中选择	
特殊继电器（SB）	软元件名称：从 M，L，B，D，W，R，SB 或 ZR 中选择	
特殊寄存器（SW）	软元件名称：从 M，L，B，D，W，R，SW 或 ZR 中选择	
重试数	1～7 默认：3	3 次
自动重新连接站数	1～10 默认：1	1 个模块
备用主站号	空白：1～64（空白：未指定备用主站） 默认：空白	
PLC 宕机选择	停止/继续 默认：停止	停止/继续
扫描模式设置	异步/同步 默认：异步	异步/同步
延迟信息设置	0～100（0：未指定） 默认：0	0

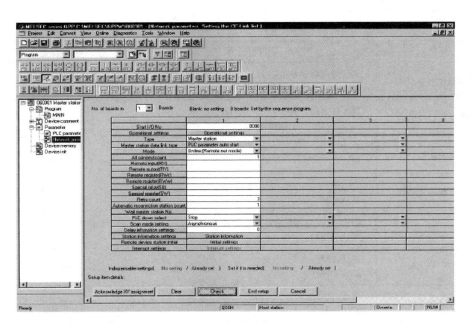

图 5-26 主站参数 GPPW 设定画面

3）从站参数设定。从站参数的设定见表 5-11，从站参数 GPPW 设定画面如图 5-27
所示。

表 5-11   从 站 参 数 的 设 定

项目	设置范围	设置值
起始 I/O 地址	0000～0FE0	0000
操作设置	输入数据保持/清除 默认：清除	保持/清除
类型	主站 主站（双工功能） 本地站 备用主站 默认：主站	主站 主站（双工功能） 本地站 备用主站
模式	在线（远程网络模式） 在线（远程 I/O 网络模式） 离线 默认：在线（远程网络模式）	在线（远程网络模式） 在线（远程 I/O 网络模式） 离线
所有连接数	1～64 默认：64	模块
远程输入（RX）	软元件名称：从 X、M、L、B、D、W、R 或 ZR 中选择	
远程输出（RY）	软元件名称：从 Y、M、L、B、T、C、ST、D、W、R 或 ZR 中选择	
远程寄存器（RWr）	软元件名称：从 M、L、B、D、W、R 或 ZR 中选择	
远程寄存器（RWw）	软元件名称：从 M、L、B、T、C、ST、D、W、R 或 ZR 中选择	

续表

项目	设置范围	设置值
特殊继电器（SB）	软元件名称：从 M、L、B、D、W、R、SB 或 ZR 中选择	
特殊寄存器（SW）	软元件名称：从 M、L、B、D、W、R、SW 或 ZR 中选择	
重试次数	1～7 默认：3	次数
自动重新连接站数	1～10 默认：1	模块
备用主站号	空白：1～64（空白：未指定备用主站） 默认：空白	
PLC宕机选择	停止/继续 默认：停止	停止/继续
扫描模式设置	异步/同步 默认：异步	异步/同步
延迟信息设置	0～100（0：未指定） 默认：0	

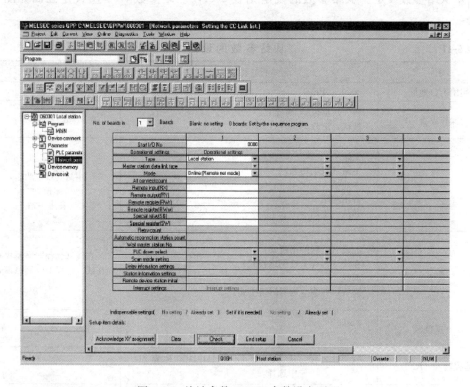

图 5-27　从站参数 GPPW 参数设定画面

4）I/O分配。使用 CC-Link 时，I/O 分配的，最后 2 位不可使用。I/O 分配如图 5-28 所示。

5）暂存器分配。CC-Link 的暂存器分配如图 5-29 所示。

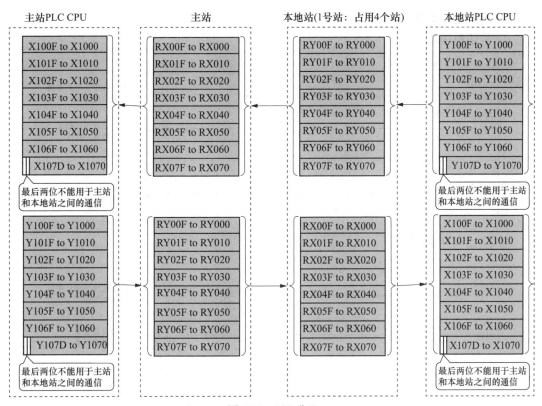

图 5-28 I/O 分配

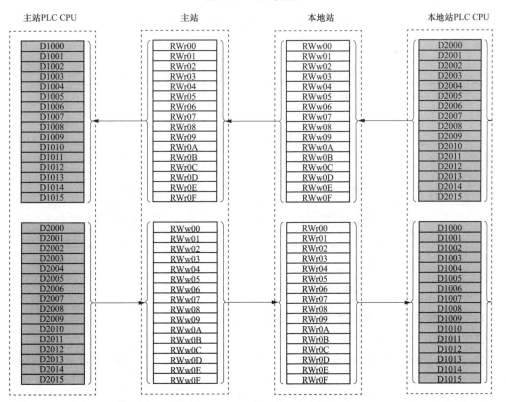

图 5-29 CC-Link 的暂存器分配

6）主/从站程序

a. 主站程序如下：

```
    X1000
    ┤├──────────────────────────( Y40  )    控制程序使用从本地
                                              站接收的数据
    X20
    ┤├──────────────────────────( Y1000 )   一个生成传送数据
                                              到本地站的程序
    ──────────────────────────────[ RET  ]

    ──────────────────────────────[ END  ]
```

b. 从站程序如下：

```
    X1000
    ┤├──────────────────────────( Y41  )    控制程序使用从主站
                                              接收的数据
    X21
    ┤├──────────────────────────( Y1000 )   一个发送数据
                                              到主站的程序
    ──────────────────────────────[ RET  ]

    ──────────────────────────────[ END  ]
```

（2）Q系列PLC与远程I/O（Remote I/O）站。Q系列PLC与远程I/O站操作如图5-30所示。

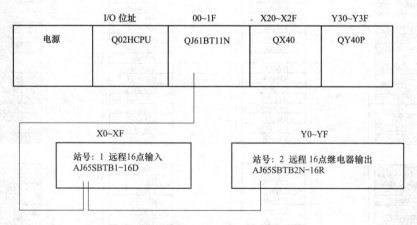

图5-30　Q系列PLC与Remote I/O操作

1）设定站号。设定主站的站号，如图5-31所示。

设定远程站的站号，如图5-32所示。

2）设定参数。CC-Link参数的设定如图5-33所示，CC-Link参数表格如图5-34所示。

3）站号与I/O分配。站号与I/O分配如图5-35和图5-36所示。

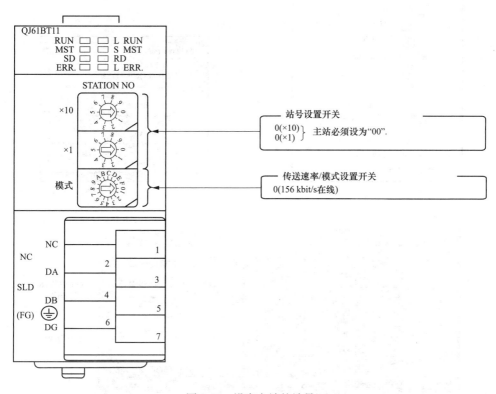

图 5-31 设定主站的站号

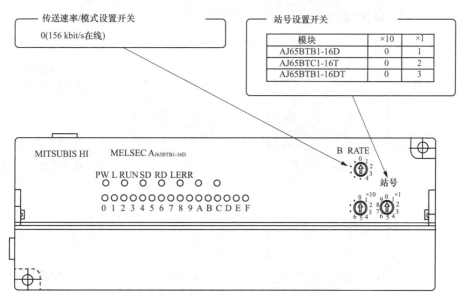

图 5-32 设定远程站的站号

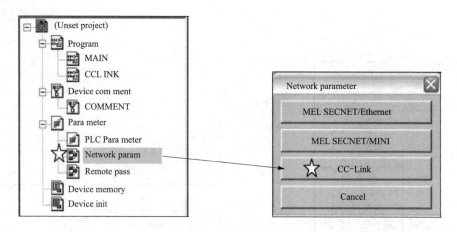

图 5-33 CC-Link 参数的设定

No. of boards in module	1	Boards	Blank: no setting.

	1
Start I/O No	0000
Operational setting	Operational settings
Type	Master station
Master station data link type	PLC parameter auto start
Mode	Remote net(Ver.1 mode)
All connect count	2
Remote input(RX)	X1000
Remote output(RY)	Y1000
Remote register(RWr)	D1000
Remote register(RWw)	D2000
Ver.2 Remote input(RX)	
Ver.2 Remote output(RY)	
Ver.2 Remote register(RWr)	
Ver.2 Remote register(RWw)	
Special relay(SB)	SB0
Special register(SW)	SW0
Retry count	3
Automatic reconnection station count	1
Stand by master station No.	
PLC down select	Stop
Scan mode setting	Asynchronous
Delay infomation setting	0

QJ61BT11N 起始位址

连接站数

图 5-34 CC-Link 参数表格

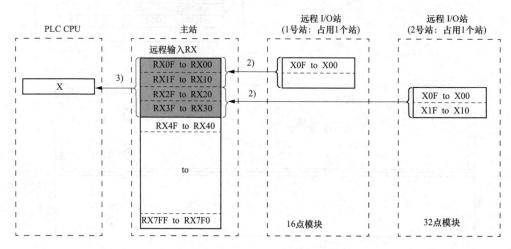

图 5-35 站号与 I/O 分配图 1

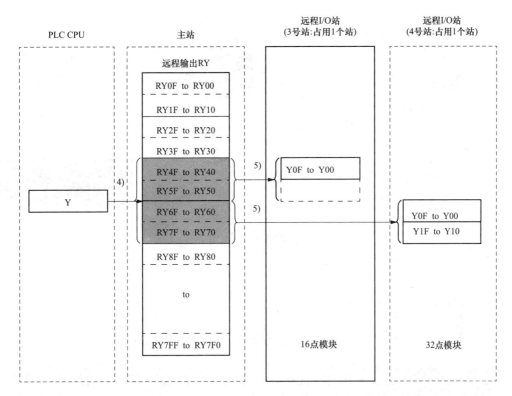

图 5-36 站号与 I/O 分配图 2

4）程序。

RX：远程输入，为程序对应起始号码；RY：远程输出，为程序对应起始号码；X1000 及 Y1000 所对应的号码与 Q 主机基板上算法一样。如 X1000 代表 AJ65SBTB1-16D 的 X0；X100F 代表 AJ65SBTB1-16D 的 XF；Y1020 代表 AJ65SBTB2N-16R 的 Y0；X102F 代表 AJ65SBTB2N-16R 的 YF。程序如下：

```
0 ── X1000 ──────────────────────────────────( Y30 )
       ┤├

2 ── X100F ──────────────────────────────────( Y31 )
       ┤├

4 ── X20 ────────────────────────────────────( Y1020 )
       ┤├
     X21
6 ── ┤├ ──────────────────────────────────────( Y102F )
```

该模组所占用站数是 1 站或 2 站，为固定的（除设备站可调 1～4 站外）。

（3）Q 系列 PLC 与 Q 系列 PLC 及远程 I/O 站操作。Q 系列 PLC 与 Q 系列 PLC 及远程 I/O 站操作如图 5-37 所示。

1）主、从站号的设定，主、从站参数的设定参考主站与从站和主站与远程 I/O 站。

2）CC-Link 参数表格如图 5-38 所示。

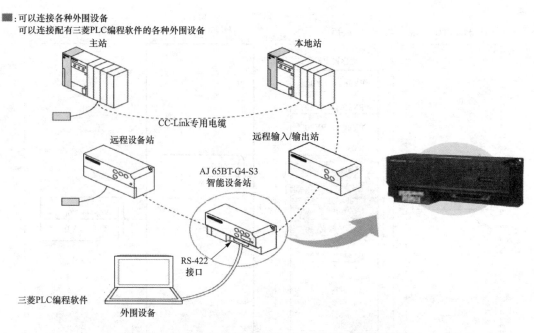

图 5-37 Q 系列 PLC 与 Q 系列 PLC 及远程 I/O 站操作

起始I/0号		0080
操作设置	操作设置	
类型	主站	
数据链接类型	PLC 参数自动启动	QJ61BT11N起始位址
模式设置	远程网络Ver.1模式	
总链接数	3	
远程输入（RX）刷新软元件	X1000	
远程输出（RY）刷新软元件	Y1000	连接站数
远程寄存器（RWr）刷新软元件	W1000	
远程寄存器（RWw）刷新软元件	W100	
Ver.2远程输入（RX）刷新软元件		
Ver.2远程输出（RY）刷新软元件		
Ver.2远程寄存器（RWr）刷新软元件		
Ver.2远程寄存器（RWw）刷新软元件		
特殊继电器（SB）刷新软元件	SB0	
特殊寄存器（SW）刷新软元件	SW0	
再送次数	3	
自动链接台数	1	
待机主站号		
CPU DOWN指定	停止	站信息设定
扫描模式指定	异步	
延迟时间设置	0	
站信息指定	站信息	
远程设备站初始化指定	初始设置	

图 5-38 CC-Link 参数表格

3）使用 GPPW 进行 CC-Link 诊断。上位站监视如图 5-39 所示。操作步骤：单击"诊断"，然后单击"CC-Link 诊断"；在"模块设置"下单击"监视器启动"，用"单元号"或"I/O 地址"设上位站监视器适用的模块。

其他站监视如图 5-40 示。操作步骤：在"CC-Link 诊断"下单击"诊断"，然后选择"监视其他站"。

线路测试如图 5-41 所示，用于检查连接的远程站、本地站、智能设备站和备用主站的运行状态，正常运行的站显示为"蓝色"，异常站显示为"红色"。操作步骤：在"CC-Link 诊断"下单击"诊断"，选择"回路测试"。

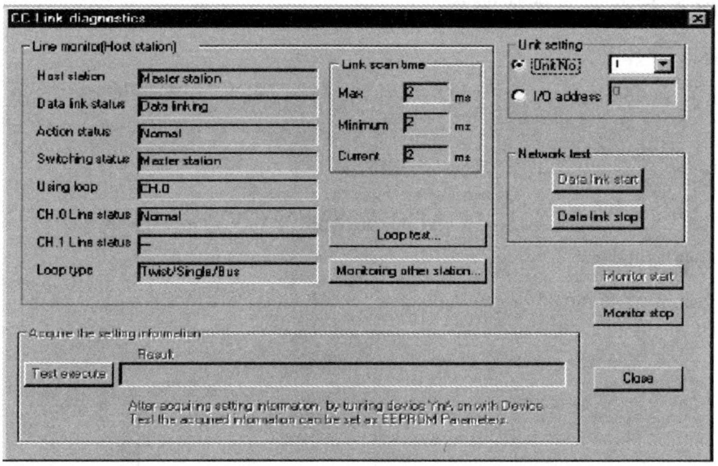

图 5-39 上位站监视

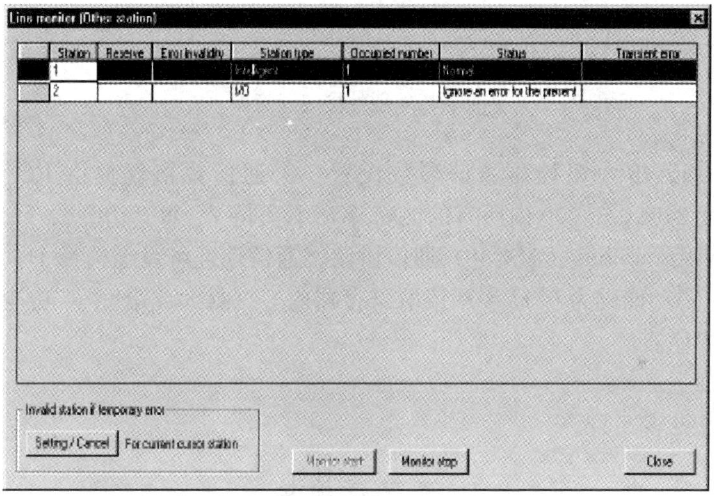

图 5-40 其他站监视

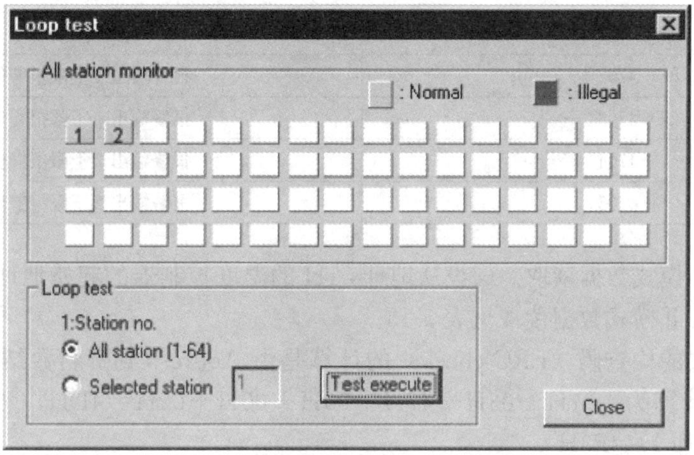

图 5-41 线路测试

【例 86】 PLC 与台达温控仪通信

1. 控制要求

使用三菱 FX 系列 PLC 与台达 DTA 系列温控仪通信，来读取温控器的数据和发送数据到温控器。

2. 设备与参数设置

FX2N 系列 PLC1 个，FX0N-485ADP 及 FX2N-CNV-BD 各 1 个，台达 DTA4848 温控器 1 个，接线器材少许。

（1）硬件接线示意图如图 5-42 所示。

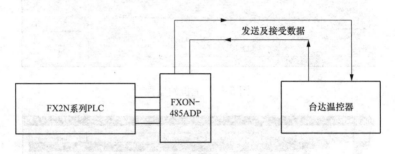

图 5-42　硬件接线示意图

（2）台达 DTA4848 温控器通信参数设置：①通信规格仅提供 RS-485 通信接口；②支持传输速度 2400～38400 内所有的波特率，不支持 7、N、1 或 8、O、2 或 8、E、2 通信格式；③使用 modbus（ASCⅡ）通信协议，通信地址可设定选择 1～255，通信地址 0 为广播地址；④功能码为 03H 表示读取寄存器内容（最大 3 个字），功能码为 06H 表示写入一个字到寄存器。

3. 寄存器地址

寄存器地址见表 5-12。

表 5-12　　　　　　　　　　　　寄 存 器 地 址

地址	名称
4700	PV 目前温度值
4701	SV 温度设定值
4702	报警输出 1 上限报警值
4703	报警输出 1 下限报警值
4704	报警输出 2 上限报警值
4705	报警输出 2 下限报警值

（1）ASCⅡ模式数据读取。假设从地址 01H 的温度控制器的起始地址 4700H 连续读取 2 个字，ASCⅡ模式数据读取见表 5-13。

ASCⅡ模式的检查码（LRC check）的计算是由 Address 到资料数结束加起来的值。那么检查码的计算为：01H＋03H＋47H＋00H＋00H＋02H＝4DH，然后取 2 的补数（即每位取反后加 1）＝B3H。

表 5-13 ASCⅡ模式数据读取

命 令 信 息		回 应 信 息	
STX（起始符）	:	STX	:
ADR1（仪表地址）	0	ADR1	0
ADR0（仪表地址）	1	ADR0	1
CMD1（读取命令）	0	CMD1	0
CMD0（读取命令）	3	CMD0	3
读取的起始资料地址	4	接收数据的字节数	0
			4
	7	起始资料地址 4700 的内容	0
	0		1
	0		9
读取的资料数（以字计算）	0	第二个资料地址 4701 的内容	0
	0		0
	0		0
	2		0
LRC CHK1（检查码）	B	LRC CHK1	6
LRC CHK0（检查码）	3	LRC CHK0	7
END1（结束码）	CR	END1	CR
END0（结束码）	LF	END0	LF

（2）ASCⅡ模式数据写入。若要将 1000（038H）写入到地址为 01H 的温控器的 4701H 的地址内，ASCⅡ模式数据写入见表 5-14。

表 5-14 ASCⅡ模式数据写入

命 令 信 息		命 令 信 息	
STX	:	STX	:
ADR1	0	ADR1	0
ADR0	1	ADR0	1
CMD1	0	CMD1	0
CMD0	6	CMD0	3
资料地址	4	资料地址	4
	7		7
	0		0
	1		0
资料内容	0	资料内容	0
	3		3
	E		E
	8		8
LRC CHK1	C	LRC CHK1	C
LRC CHK0	6	LRC CHK0	6
END1	CR	END1	CR
END0	LF	END0	LF

4. 接线

温控器的接线端子如图 5-43 所示。其中的 9 号及 10 号端子即为 RS-485 接口。

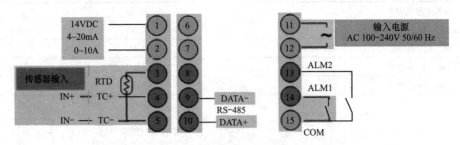

图 5-43　温控器的接线端子

5. 程序

首先要设置通信参数，即特殊寄存器 D8120 进行设置，然后通过 RS 指令把符合通信规格的数据写到温控器里面。温控器接受的 ASCⅡ 数据，所以 PLC 发送时也要发送 ASCⅡ 类型的数据。温控器接收到正确的数据后，自动会发送一些数据到 PLC 里。

（1）设置通信参数及数据（PLC 及温控器的通信参数及数据格式）。程序如下：

```
   M8000                                    *<设置为8位模式
   ┤├────────────────────────────[ SET   M8161 ]

                                            *<设置通信参数
      └──────────────────────[MOV   H486      D8120 ]
```

（2）编写 RS 指令。程序如下：

```
   M8000                                    *<数据读写指令
   ┤├──────────[ RS   D10   K17   D50   K21 ]
```

（3）把要发的数据写入 D10～D26 这 17 个数据寄存器里，根据表 5-14 中发送数据的格式一个一个发。程序如下：

```
   X001
   ┤├────────────────────────[ PLS   M20 ] 脉冲信号

   M20
   ┤├──────────────[ MOV   H3A   D10 ] 把：写入D10

      ├──────────────[ MOV   H30   D11 ] 把0写入D11

      ├──────────────[ MOV   H31   D12 ] 把1写入D12

      ├──────────────[ MOV   H30   D13 ] 把0写入D13

      ├──────────────[ MOV   H33   D14 ] 把3写入D14

      ├──────────────[ MOV   H34   D15 ] 把4写入D15

      └──────────────[ MOV   H37   D16 ] 把7写入D16
```

```
   M20
   ─┤├──┬──────────────────[ MOV      H30      D17 ]  把0写入D17
        │
        ├──────────────────[ MOV      H30      D18 ]  把0写入D18
        │
        ├──────────────────[ MOV      H30      D19 ]  把0写入D19
        │
        ├──────────────────[ MOV      H30      D20 ]  把0写入D20
        │
        ├──────────────────[ MOV      H30      D21 ]  把0写入D21
        │
        ├──────────────────[ MOV      H32      D22 ]  把2写入D22
        │
        ├──────────────────[ MOV      H42      D23 ]  把B写入D23
        │
        ├──────────────────[ MOV      H33      D24 ]  把3写入D24
        │
        ├──────────────────[ MOV      H0D      D25 ]  把CR写入D25
        │
        └──────────────────[ MOV      H0A      D26 ]  把LF写入D26
```

（4）数据写入数据寄存器中，然后开始执行发送请求。发送完毕后，温控器自然会把数据通过 RS 指令反送回数据寄存器里。接收完毕后，M8123 会接通，然后一定要把 M8123 复位，不复位的话，下次就接收不到数据。程序如下：

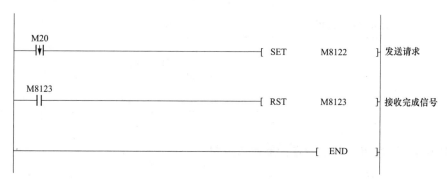

```
   M20
   ─┤↓├────────────────────────[ SET      M8122 ]  发送请求

  M8123
   ─┤├─────────────────────────[ RST      M8123 ]  接收完成信号

   ────────────────────────────[ END ]
```

【例 87】　三菱 PLC 与计算机的通信

1. 控制要求

使用三菱 FX 的 PLC 与计算机进行数据互换，进行数据通信。

2. 设备

计算机 1 台, FX2N PLC 1 个, FX2N-232BD 通信板 1 个。RS232 接口 2 个。

3. 接线

(1) 硬件接线示意图如图 5-44 所示。

(2) FX2N-232BD 与计算机通信时接口的接线如图 5-45 所示。

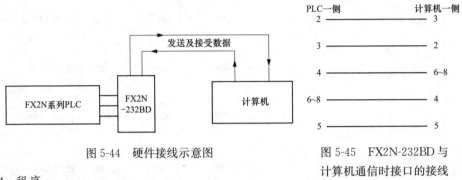

图 5-44　硬件接线示意图

图 5-45　FX2N-232BD 与
计算机通信时接口的接线

4. 程序

本例中通信参数 D8120 只能设置为 H086、H186、H286、H386, 程序如下：

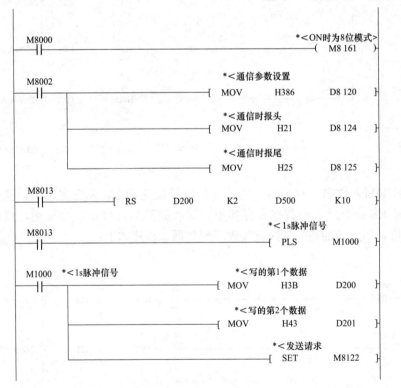

【例 88】　三菱 PLC 与台达变频器通信控制

1. 设备及参数设置

(1) 硬件组成。

FX2N 系列 PLC (产品版本 V 3.00 以上) 1 台 (软件采用 GX Developer 版); FX2N-485-BD 通信模板 1 块 (最长通信距离 50m); 或 FX0N-485ADP 通信模块 1 块 (最长通信

距离 500m）；带 RS-485 通信口的台达变频器 1 台 RJ45 电缆（5 芯带屏蔽）；人机界面（如 eview 等小型触摸屏）1 台（可选）。硬件控制图如图 5-46 所示。

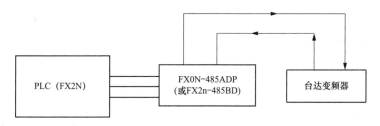

图 5-46　硬件控制图

（2）变频器通信参数设置。为了正确地建立通信，必须在变频器设置与通信有关的参数如"站号""通信速率""停止位长/字长""奇偶校验"等。参数采用操作面板设定。

2. 通信协议

基于台达变频器的 MODBUS 通信协议使用 ASCⅡ模式，消息以冒号（:）字符（ASCⅡ码 3AH）开始，以 CR、LF 结束（ASCⅡ码 0DH，0AH）。其他域可以使用的传输字符是十六进制的 0…9，A…F。网络上的设备不断侦测":"字符，当有一个冒号接收到时，每个设备都解码下个域（地址域）来判断是否发给自己的。消息中字符间发送的时间间隔最长不能超过 1s，否则接收的设备将判断传输错误。

台达变频器 MODBUS 通信协议询问信息字串格式如图 5-47 所示。

STX	':'
Address	'0'
	'1'
Function	'0'
	'3'
Starting address	'2'
	'1'
	'0'
	'2'
Number of data (count by word)	'0'
	'0'
	'0'
	'2'
LRC Check	'D'
	'7'
END	CR
	LF

图 5-47　台达变频器 MODBUS 通信协议询问信息字串格式

3. 程序

（1）在 D80 寄存器中设置频率到变频器，同时把放大的结果转换成 4 个 ASCⅡ格式，接下来把 D1、D2、D3、D4、D5、D6、D7、D8、D9、D10、D11、D12 的数据转化成十六进制数放入 D90、D91、D92、D93、D94、D95 寄存器中。程序如下：

```
      M8000
0 ----| |----------------------------[ MUL  D80  K100  D82 ]
                                      [ ASCI D82  D9    K4  ]
                                      [ HEX  D1   D90   K2  ]
                                      [ HEX  D3   D91   K2  ]
                                      [ HEX  D5   D92   K2  ]
                                      [ HEX  D7   D93   K2  ]
                                      [ HEX  D9   D94   K2  ]
                                      [ HEX  D11  D95   K2  ]
```

（2）按照 MODBUS 通信协议的要求，需要把所有寄存器的数据相加的结果算出来，因此采用循环指令的方式把 D90＋D91＋D92＋D93＋D94＋D95 的结果放到 D100 当中。程序如下：

```
     M8000
57 ──┤├──────────────────────────────[ RST    Z0   ]
     │
     └────────────────────────────────[ RST    D100 ]
64 ──────────────────────────────────[ FOR    K6   ]
     M8000
67 ──┤├───────────────────[ ADD   D100   D90Z0   D100 ]
     │
     └────────────────────────────────[ INC    Z0   ]
78 ──────────────────────────────────[ NEXT        ]
```

（3）把 D100 里面的数据取反，然后再加 1 放到寄存器 D120 当中，最后把 D120 中的数据转换成 ASCⅡ格式，这样 D120 当中的数据就是变频器的检查码。最后设置一下 PLC 和变频器的通信模式，本程序采用八位通信模式。程序如下：

```
     M8000
79 ──┤├──────────────────────────[MOV   D100    K2M100 ]
     M8000
85 ──┤├──────────────────────[CML   K2M100   K2M200 ]
     │
     ├──────────────────[ADD   K2M200   K1    D120 ]
     │
     └──────────────────[A3C1   D120    D13   K2 ]
     M8000
105 ─┤├──────────────────────────────────( M8161 )
     │
     └──────────────────────────[MOV   HOC86   D8120 ]
     M8000
113 ─┤├──────────────[ R3   D0   K17   D50   K19 ]
```

（4）然后按照图 5-47 所示台达变频器询问信息字串格式把 ASCⅡ格式的数据分别发送到 D0、D1、D2、D3、D4、D5、D6、D7、D8、D15、D16 当中。程序如下：

```
     M8013
123 ─┤↑├──────────────────────────[ MOV   H3A    D0  ]
     │
     ├──────────────────────────[ MOV   H30    D1  ]
     │
     ├──────────────────────────[ MOV   H31    D2  ]
     │
     ├──────────────────────────[ MOV   H30    D3  ]
     │
     ├──────────────────────────[ MOV   H36    D4  ]
     │
     ├──────────────────────────[ MOV   H32    D5  ]
     │
     ├──────────────────────────[ MOV   H30    D6  ]
     │
     ├──────────────────────────[ MOV   H30    D7  ]
     │
     ├──────────────────────────[ MOV   H31    D8  ]
     │
     ├──────────────────────────[ MOV   H0D    D15 ]
     │
     ├──────────────────────────[ MOV   H0A    D16 ]
     │
     └──────────────────────────[ 3SET  M8122      ]
```

（5）最后把变频器发还给 PLC 寄存器 D59、D60、D61、D62 中的 ASCⅡ格式数据转化成十六进制数存到 D150、D151、D152、D153 寄存器当中，检验开始输入变频器的频率数据是否正确。程序如下：

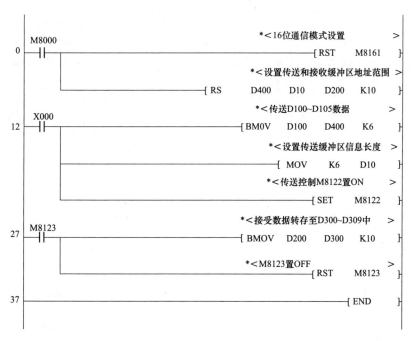

【例 89】 使用 RS 指令的 1：1 网络通信

1. 控制要求

将数据寄存器 D100～D105 中的数据按 15 位通信模式传送出去，并将接收来的数据转存在 D300～D309 中。

2. 程序

```
                                        *<16位通信模式设置        >
      M8000
  0   ||                               [ RST     M8161 ]
                                        *<设置传送和接收缓冲区地址范围 >
                                   [ RS    D400   D10   D200   K10 ]
                                        *<传送D100~D105数据       >
      X000
  12  ||                               [ BMOV   D100   D400   K6 ]
                                        *<设置传送缓冲区信息长度     >
                                       [ MOV    K6     D10 ]
                                        *<传送控制M8122置ON       >
                                              [ SET     M8122 ]
                                        *<接受数据转存至D300~D309中 >
      M8123
  27  ||                               [ BMOV   D200   D300   K10 ]
                                        *<M8123置OFF           >
                                              [ RST     M8123 ]

  37                                            [ END ]
```

3. 说明

RS 指令是使用 RS-232C、RS-485 通信扩展板及特殊适配器进行发送和接收的指令，其通信格式可以通过 D8120 进行改变。

在使用 RS 指令时，可以多次编程使用，但是一个程序中不能有两个以上同时驱动。驱动 RS 指令后，即使改变 D8120 的数值，其通信格式也不会改变。驱动 RS 指令后，马上进入接收等待状态，当需要发送数据时，需置位 M8122 发送请求标志位，RS 指令转为发送状态，发送完毕系统自动对 M8122 复位，然后自动转到等待状态，接收数据完毕，系统自动置位 M8123 接收完成标志位，通知用户处理接收的数据，处理完毕接收的数据后，需要人为地复位 M8123。如果 M8123 为 ON，则禁止发送和接收。

【例 90】 2 台 PLC 实现 1：1 的 RS-485 通信

控制要求：2 台 FX2N 系列 PLC 使用 RS 指令，实现 1：1 的 RS-485 通信。这 2 台

FX2N 系列 PLC 构成的 1∶1 网络连接如图 5-48 所示，完成的控制功能及软元件分配见表 5-15 所示。

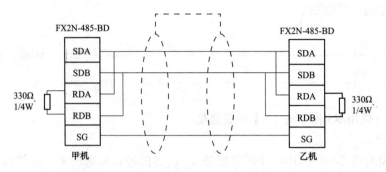

图 5-48　2 台 FX2N 系列 PLC 构成的 1∶1 网络连接

表 5-15　　　　　　　　　　　　控制功能及软元件分配

站号	输入	输出
甲机	X10 启动电动机乙的星—三角控制单元	Y10 电动机甲正转输出
	X10 停止电动机乙的星—三角控制单元	Y11 电动机甲反转输出
	D100 定义电动机乙的星—三角延时时间	
乙机	X12 启动电动机甲的正转控制	Y12 电动机乙主输出控制
	X13 启动电动机甲的反转控制	Y13 电动机乙星形输出控制
	X14 停止电动机甲的正/反转控制	Y14 电动机乙三角形输出控制

程序如下：

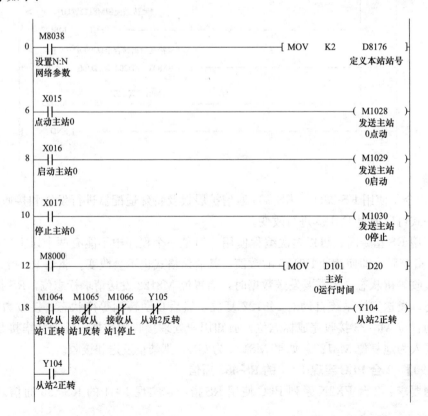

【例91】　使用 RS 指令控制打印机（连接 RS-232C）

1. 控制要求

连接 PLC 与带 RS-232C 接口的打印机，打印从 PLC 发送的数据，如图 5-49 所示。

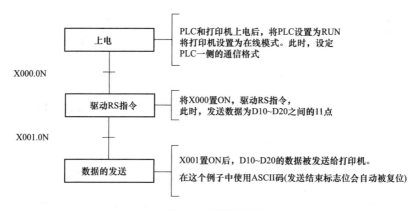

图 5-49　控制要求

2. 硬件连接

PLC 与带 RS-232C 接口的打印机连接如图 5-50 所示。

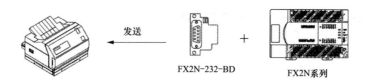

图 5-50　PLC 与带 RS-232C 接口的打印机连接

3. 通信格式

选用的打印机需符合可编程控制器一侧的通信格式。主机的通信格式见表 5-16。

表 5-16　　　　　　　　主 机 的 通 信 格 式

数据长度	8 位
奇偶校验	偶校验
停止位	2 位

续表

波特率	2400bit/s
报头	无
报尾	无
控制线（H/W）	无
通信方式（协议）	无协议

4. 程序

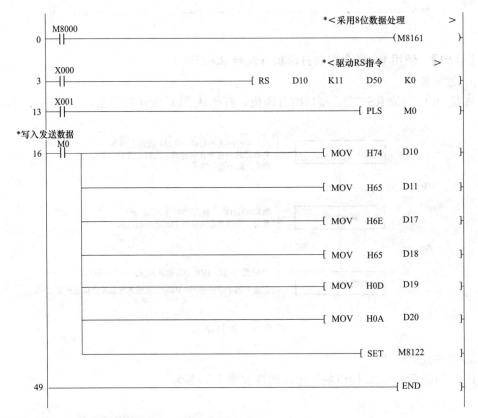

【例 92】　三菱 FX-2N 与 VFD-B 变频器通信

程序如下：

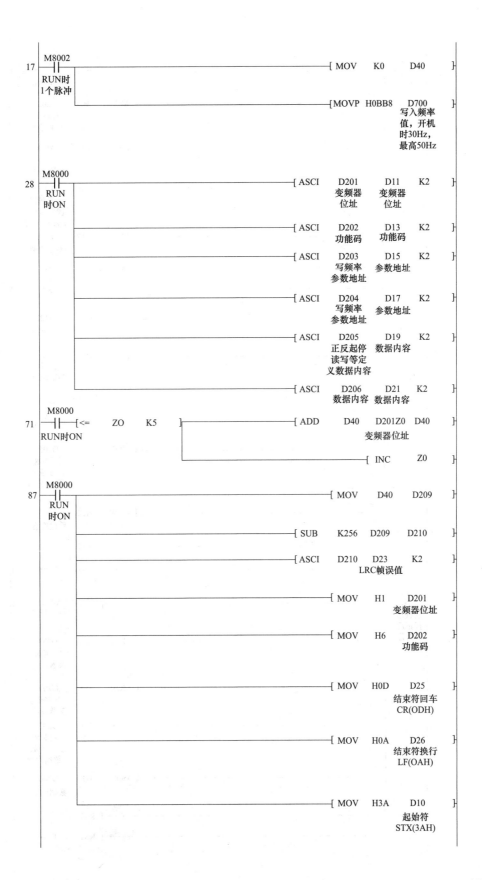

17 M8002
    ├─┤ ├─────────────────────────────────────[MOV   K0   D40]
    RUN时
    1个脉冲
    │   [MOVP   H0BB8   D700]
    │   写入频率
    │   值，开机
    │   时30Hz，
    │   最高50Hz

28 M8000
    ├─┤ ├─────────────────────────────────────[ASCI   D201   D11   K2]
    RUN   变频器   变频器
    时ON   位址   位址
    │   [ASCI   D202   D13   K2]
    │   功能码   功能码
    │   [ASCI   D203   D15   K2]
    │   写频率   参数地址
    │   参数地址
    │   [ASCI   D204   D17   K2]
    │   写频率   参数地址
    │   参数地址
    │   [ASCI   D205   D19   K2]
    │   正反起停 数据内容
    │   读写等定
    │   义数据内容
    │   [ASCI   D206   D21   K2]
    │   数据内容 数据内容

71 M8000
    ├─┤ ├─[<=   Z0   K5]──────────────────────[ADD   D40   D201Z0 D40]
    RUN时ON   变频器位址
    │   [INC   Z0]

87 M8000
    ├─┤ ├─────────────────────────────────────[MOV   D40   D209]
    RUN
    时ON   [SUB   K256   D209   D210]
    │   [ASCI   D210   D23   K2]
    │   LRC帧误值
    │   [MOV   H1   D201]
    │   变频器位址
    │   [MOV   H6   D202]
    │   功能码
    │   [MOV   H0D   D25]
    │   结束符回车
    │   CR(0DH)
    │   [MOV   H0A   D26]
    │   结束符换行
    │   LF(0AH)
    │   [MOV   H3A   D10]
    │   起始符
    │   STX(3AH)

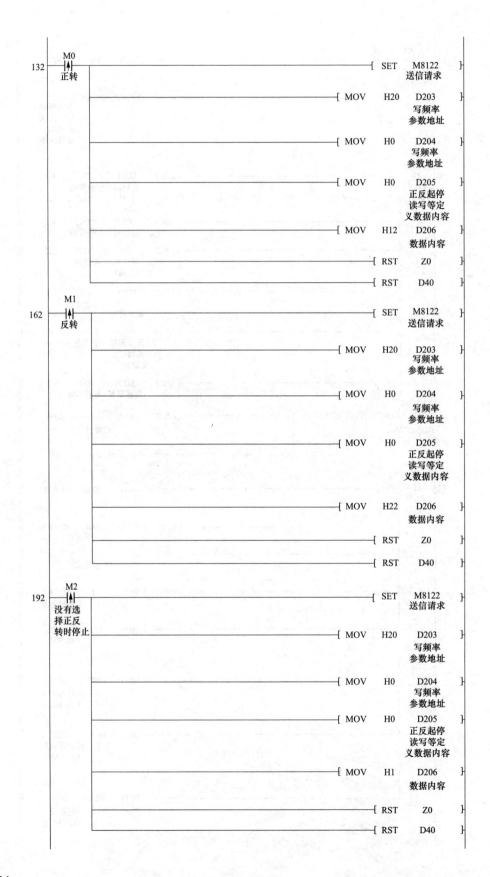

*PLC不接受返馈，故不写复位M8123。用M8002降沿为延迟1周期写初始频率

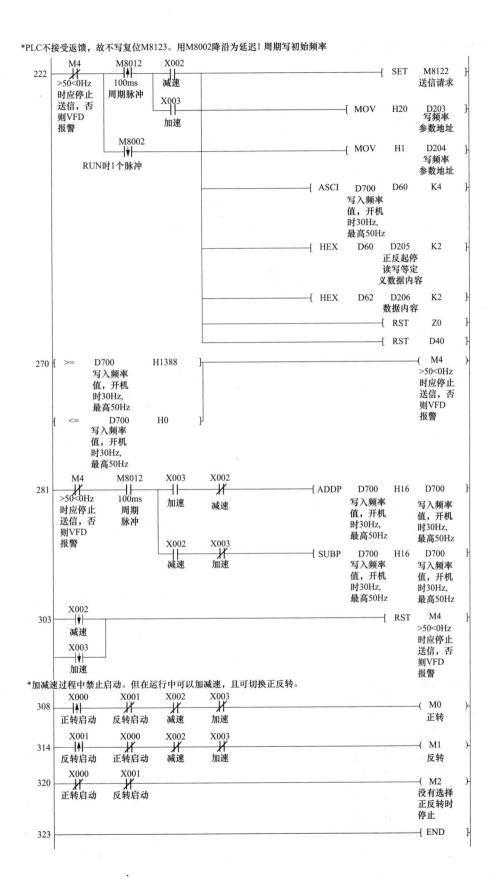

【例93】 PLC与三菱FP变频器通信

程序如下：

```
*三菱PLC与变频器通信程序 包含正转 反转 停止 频率修改 频率监视
*1.变频器参数设置
*1.Pr117      变频器站号           设置为1        变频器站号位1
*2.Pr118      通信速度             设定为192      波特率为19.2kbitls
*3.Pr119      停止长度             设定为10       7位/停止位1位
*3.Pr120      奇偶校验选择         2              偶校验
*4.Pr121      通信重试次数         9999           参照手册
*5.Pr122      通信检测时间间隔     9999
*6.Pr123      等待时间设定         9999
*7.Pr124      CR、LF选择           0              无CR、LF选择
*8.Pr79       操作模式             1              计算机通信
*以上参数设置完毕务必关闭变频器电源，再重新上电，否则无法通信
*2.三菱FP-A540数据ASCII码
*正转          代码HFA             数据内容       H02
*反转          代码HFA             数据内容       H04
*停止          代码HFA             数据内容       H00
*频率写入      代码HED             数据内容       H0000~H2EE0
*频率读取      代码H6F             数据内容       H0000~H2EE0
*
```

```
        M8002                                          *<通信协议           >
   0    ─┤├─                              ─[ MOV   H0C96   D8120 ]─
        PLC RUN
        扫描一个
        周期ON
```

*D10 K12代表发送区从D10开始12个, D30 K10代表接收区从D30开始10个

```
        M8000                                          *<通信格式           >
   6    ─┤├─                      ─[ RS   D10   K12   D30   K10 ]─
        PLC
        长时ON

                                                       *<8位通信数据模式     >
                                                              ─(M8161 )─
```

*变频器通信前3个数据都是相同的,所以写在一起的
*ENQ占用1个数据D10,站号占用两个D11、D12

```
        M8000                                  *<请求通信 占用1个数据D10   >
  18    ─┤├─                              ─[ MOV   H5    D10 ]─
        PLC
        长时ON

                                          *<变频器站号占用2个数据D11 D12  >
                                          ─[ MOV   H30    D11 ]─

                                          *<变频器站号为H30H31 十进制地址1号站 >
                                          ─[ MOV   H31    D12 ]─
```

*正转、反转、停止功能代码FA相同，占用2个数据 D13、D14

```
        X001   X000   X002                     *<ASCII码F十六进制H46     >
  34    ─┤↑├─┤/├─┤/├─                    ─[ MOV   H46    D13 ]─
        正转   停止   反转

                                               *<ASCII码A十六进制H41     >
        X002   X001   X000                     ─[ MOV   H41    D14 ]─
        ─┤↑├─┤/├─┤/├─
        反转   正转   停止

        X000   X001   X002
        ─┤├─┤/├─┤/├─
        停止   正转   反转
```

*通信等待时间占用1个数据 D15，后面的频率命令时间也一样

```
      M8000
58 ┤├───────────────────────────────────────[ MOV   H31   D15 ]┤
    PLC长时ON
```

*前面说明2功能代码的数据正02、反04、停00，占用2个数据D16、D17

*在正、反、停数据中前面都相同为0下面程序合并在一起数据占用D17

```
      X000
64 ┤↑↓├──┬──────────────────────────────────[ MOV   H30   D16 ]┤
    停止  │
      X001│
    ┤↑↓├──┤
    正转  │
      X002│
    ┤↑↓├──┘
    反转                          *<正转的第2个数据            >
      X001   X000   X002
75 ┤↑↓├──┤/├───┤/├───────────────────────────[ MOV   H32   D17 ]┤
    正转   停止   反转             *<反转的第2个数据            >
      X002   X001   X000
84 ┤↑↓├──┤/├───┤/├───────────────────────────[ MOV   H34   D17 ]┤
    反转   正转   停止             *<停止的第2个数据            >
      X000   X001   X002
93 ┤↑↓├──┤/├───┤/├───────────────────────────[ MOV   H30   D17 ]┤
    停止   正转   反转
```

*总和校验

```
      X000
102┤↑↓├──┬──────────────────────────────────[ CCD   D11   D28   K7 ]┤
    停止  │
      X001│
    ┤↑↓├──┼──────────────────────────────────[ ASCI  D28   D18   K2 ]┤
    正转  │
      X002│
    ┤↑↓├──┴──────────────────────────────────[ SET   M8122 ]┤
    反转                                             启动发送
```

*频率修改功能代码，占用两个数据D13、D14

```
      X003
124┤├──┬────────────────────────────────────[ MOV   H45   D13 ]┤
    频率更改│
        └────────────────────────────────────[ MOV   H44   D14 ]┤
```

*频率设置D100通过ASCI转换把数据放到 D16、D17、D18、D19 中
*频率的最小单位是0.01Hz

```
      M8000
136┤├───────────────────────────────────────[ ASCI  D100  D16   K4 ]┤
    PLC长时ON
```

*总和校验

```
      X003
144┤↑↓├──┬──────────────────────────────────[ CCD   D11   D28   K9 ]┤
    频率更改│
        ├────────────────────────────────────[ ASCI  D28   D20   K2 ]┤
        └────────────────────────────────────[ SET   M8122 ]┤
                                                    启动发送
```

*频率读取功能代码 占用2个数据D13 D14

```
      X004
162┤↑↓├──┬──────────────────────────────────[ MOV   H36   D13 ]┤
    频率读取│
        └────────────────────────────────────[ MOV   H46   D14 ]┤
```

*总和校验

```
      X004
174┤↑↓├──┬──────────────────────────────────[ CCD   D11   D28   K5 ]┤
    频率读取│
        ├────────────────────────────────────[ ASCI  D28   D20   K2 ]┤
        └────────────────────────────────────[ SET   M8122 ]┤
                                                    启动发送
```

*读取频率放到D200

```
      M8000
192┤├───────────────────────────────────────[ HEX   D33   D200  K4 ]┤
    PLC长时ON

200────────────────────────────────────────────[ END ]┤
```

【例94】 PLC与INV变频器通信

程序如下：

```
*变频器参数设定
*79=0
*117=0,118=192,119=1,120=2,121=1, 122=9999,123=9999,124=0
       M8002
  0 ──┤├──────────────────────────────────[ZRST  D1250  D1299]
                      │
                      └──────────────────[ZRST  D1300  D1349]

       M8002
 11 ──┤├──────────────────────────────────[MOV   H9F    D8120]
                      │
                      ├──────────────────[MOV   K2000  D1500]
                      │
                      └──────────────────[ZRST  Y000   Y007]

       M8000
 27 ──┤├────────────────────────────────────────────( M8161 )
                      │
                      └────────────[RS  D1200  D1020  D1250  K40]

*通信开始
       M0
 39 ──┤↑├──────────────────────────────────────[SET   S50]
       X000
     ──┤↑├──

 45 ──────────────────────────────────────────[ STL   S50]

 46 ──┬────────────────────────────────────────[ MOVP  H5    D1200]
      │
      ├──────────────────────────────────────[ ASC   00FB1000  D1201]
      │
      ├──────────────────────────────────────[ ASC   2      D1209]
      │
      ├──────────────────────────────────────[ MOVP  K9     Z1]
      │
      ├──────────────────────────────────────[ CALL  P30]
      │
      └──────────────────────────────────────[ PLS   M100]

       M100
 83 ──┤├──────────────────────────────────────[ SET   M8122]
                      │
                      └──────────────────────[ SET   S51]

*变频是否通信正常检查
 88 ──────────────────────────────────────────[ STL   S51]

       M8123
 89 ──┤├──────────────────────────────────────[BMOV  D1250  D1300  K20]
      │
      ├──[ <>  D1300  H6 ]─────────────────────[ RST   M115]
      │                                              写入错误
      │
      ├──[ =   D1300  H6 ]───────────────────────────( M116 )
      │                                              写入正常
      │
      └──────────────────────────────────────[ RST   M8123]

*3s后再通信
       M115                                              K10
114 ──┤├────────────────────────────────────────────( T11 )
      写入错误

       M8123                                            K10
118 ──┤╱├────────────────────────────────────────────( T12 )
```

```
122  T11 ──┬─────────────────────────────────[ PLS    M101 ]
     T12   │
     ──────┴─────────────────────────────────[ RST    M115 ]
                                                    写入错误

127  M101 ──┬────────────────────────────────[ RST    S51 ]
            │
            └────────────────────────────────[ SET    S50 ]

132  M116 ──┬────────────────────────────────[ SET    S60 ]
     写入   │
     正常   │
            └────────────────────────────────[ RST    S51 ]
```

*通信正常、写入频率10.00Hz

```
137 ──────────────────────────────────────────[ STL    S60 ]

138 ──┬───────────────────────────────[ MOV  D1500  D1502 ]
      │
      ├────────────────────────────────[ ASC   00ED1  D1201 ]
      │
      ├────────────────────────────[ ASCI  D1500  D1206  K4 ]
      │
      ├────────────────────────────────[ MOV    K9    Z1 ]
      │
      ├────────────────────────────────[ CALL    P30 ]
      │
      ├────────────────────────────────[ SET    M8122 ]
      │
      └────────────────────────────────[ SET    S61 ]
```

*写入频率检查

```
173 ──────────────────────────────────────────[ STL    S61 ]

174  M8123 ──┬─────────────────────[ BMOV  D1250  D1300  K20 ]
      ──┤├── │
             ├────────────────────────────────[ PLS    M110 ]
             │
             └────────────────────────────────[ RST    M8123 ]

186  M110 ──┬──[ <>  D1300  H6 ]──────────────[ SET    M117 ]
            │                                       写入错误
            │
            └──[ =   D1300  H6 ]──────────────[ PLS    M118 ]
                                                    写入正常

202  M8123                                           K10
     ──┤/├─────────────────────────────────────────(T14 )

206  M117                                            K10
     ──┤├──────────────────────────────────────────(T13 )
     写入错误

210  T13 ──┬─────────────────────────────────[ RST    M117 ]
           │                                        写入错误
     T14   │
     ──────┴─────────────────────────────────[ PLS    M104 ]

215  M104 ──┬────────────────────────────────[ RST    S61 ]
            │
            └────────────────────────────────[ SET    S60 ]

220  M118 ──────────────────────────────────[ SET    S62 ]
     写入正常
```

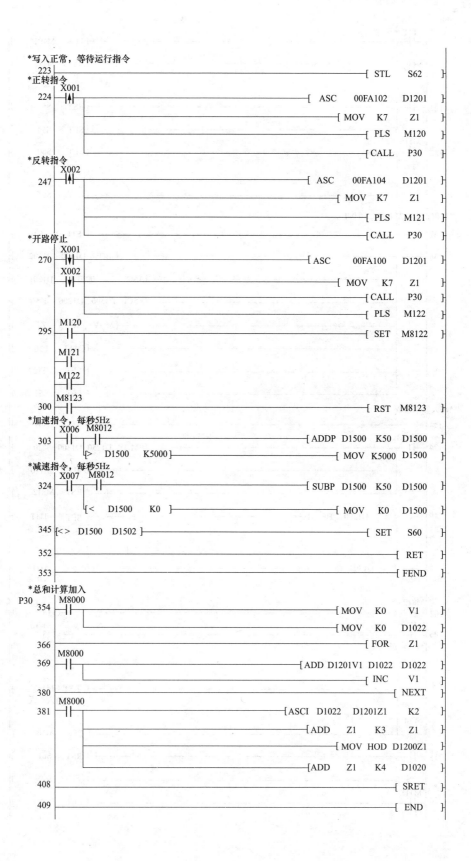

【例95】　PLC 与 1 台变频器通信及控制

1. 控制要求

执行变频器的停止（X0）、正转（X1）、反转（X2），通过改变 D10 的内容来变更速度。

2. 硬件连接

PLC 与 1 台变频器的连接如图 5-51 所示。

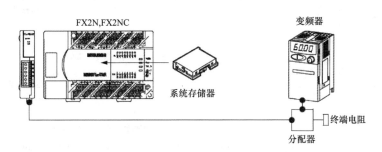

图 5-51　PLC 与 1 台变频器的连接

3. 程序

（1）在 PLC 运行时，向变频器写入参考值。程序如下：

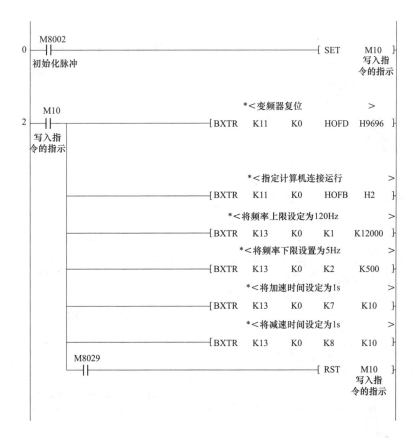

（2）通过顺控程序更改程序如下：

```
                                          *<作为启动时的初始值写入60Hz   >
   M8000
59 ─┤├──┬──────────────────────────[ MOVP    K6000    D10  }
   RUN   │                                             运行速度
   监控   │
         │                                *<运行速度40Hz的写入          >
         │ M17
         ├─┤├────────────────────────[ MOVP    K4000    D10  }
         │                                             运行速度
         │
         │                                *<运行速度20Hz的写入          >
         │ M18
         ├─┤├────────────────────────[ MOVP    K2000    D10  }
         │                                             运行速度
         │
         │                                *<向变频器写入设定频率         >
         └─────────────────────[ BXTR   K11    K0    HOBD    D10  }
                                                             运行速度


                                          *<HOFA变为00H                >
   X000
89 ─┤├────────────────────────────────────[ SET     M15  }
   输入运行                                              运行停止
   停止指令

                                          *<通过输入X1，或是X2解除运行停止>
   X001  X000
91 ─┤├──┬─┤/├──────────────────────────[ RST     M15  }
   输入正 │ 输入运行                                     运行停止
   转指令 │ 停止指令
         │
   X002  │
   ─┤/├──┘
   输入反
   转指令
```

（3）变频器运行控制程序如下：

```
                                          *<将HOFA是b1置位              >
   M15  X001  X002
97 ─┤/├──┬─┤├──┤/├──────────────────────────────────( M21 )
   运行停止 │ 输入正 输入反                                  正转指令
         │ 转指令 转指令
         │
         │ X002  X001
         └─┤├──┤/├                        *<将HOFA是b2置位              >
           输入反 输入正 ─────────────────────────────( M22 )
           转指令 转指令                                    反转指令


                                          *<运行指令的写入M27~M20-HOFA   >
   M8000
106 ─┤├──────────────────────[ BXTR   K11    K0    HOPA    K2M20  }
   RUN
   监控
```

（4）变频器运行监视程序如下：

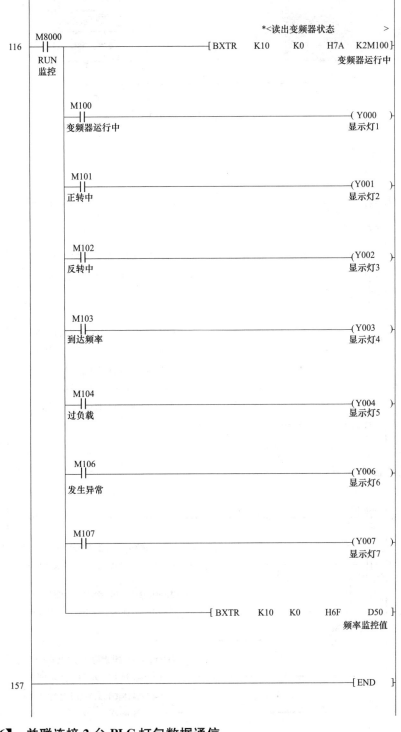

【例 96】　并联连接 2 台 PLC 打包数据通信

1. 硬件连接

2 台 PLC 并联连接如图 5-52 所示。

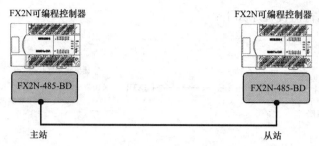

图 5-52　2 台 PLC 并联连接

2. 程序

（1）主站程序如下：

```
0   M8000                                                    ( M8070 )
    ┤├
    RUN
    监控
                              *<将主站X0~X7的值给从站Y0~Y7>
3   M8000                                  [ MOV  K2X000  K2M800 ]
    ┤├
    RUN
    监控
                              *<若主站的(D0+D2)<100,从站Y10置位>
                                           [ ADD  D0  D2  D490 ]
                              *<将从站M0~M7 状态输出到主站Y0~Y7>
                                           [ MOV  K2M900  K2Y000 ]
                              *<将从站侧D10的值给主站的T0 >
21  X010                                                      D500
    ┤├                                                    ( T0 )
```

（2）从站程序如下：

```
0   M8000                                                    ( M8071 )
    ┤├
    M8000
                              *<将主站X0~X7的值给从站Y0~Y7 >
3   M8000                                  [ MOV  K2M800  K2Y000 ]
    ┤├
    M8000
                              *<主站(D0+D2)<100,则从站Y10置位 >
                                           [ CMP  D490  K100  M10 ]
    M10
    ┤/├                                                  ( Y010 )
                              *<将从站M0~M7状态输出到主站Y0~Y7 >
                                           [ MOV  K2M0  K2M900 ]
                              *<将从站侧D10的值给主站的T0 >
25  X010                                   [ MOV  D10  D500 ]
    ┤├
31                                                        [ END ]
```

第六章

PLC高级编程案例解析

【例97】 大型电梯案例

1. 设备

操作面板 1 块，上设有加 1 按钮、确定按钮、开门按钮、关门按钮、紧急停止按钮；LED 显示块 2 块；显示灯 4 只。

（1）操作面板上的 LED 显示块：第 1 块显示电梯的位置，第 2 块显示操作者设定的楼层数。

（2）操作面板上的加 1 按钮：用于楼层的设定，当设定好后按确定按钮来操作电梯的上下。操作者注意非本层显示灯有闪烁时，说明有别的操作者在使用电梯，请等待电梯动作完成后再操作电梯。开门、关门按钮用于电梯门的开关。操作者必须注意电梯到达指定位置后，相应层数的门才可以打开，当取出物品后请及时把门关好。在电梯出现紧急情况时，操作者应立即拍下紧急停止按钮。在电梯正常运转时，请勿拍紧急停止按钮。注意当电梯在运转时不要动操作盒上的按钮和电梯门。

（3）显示灯依次显示各层的开门信号，当电梯到达指定楼层时相应的显示灯会显示开门信号，当电梯各门没有关好时显示灯会显示相应的层数，当显示灯有闪烁的时候说明有别的操作者在使用电梯，当 4 个显示灯同时亮的时候说明电梯系统处于异常状态，此时请操作者及时与维修人员联系。

2. I/O 分配

I/O 地址分配见表 6-1。

表 6-1   I/O 分配表

输入		输出	
功能	地址	功能	地址
系统启动按钮	X0	1 层开门指示灯	Y0
系统停止	X1	2 层开门指示灯	Y1
系统紧急停止	X2	4 层开门指示灯	Y2
手动/自动选择开关	X3	4 层开门指示灯	Y3
1 层加 1 按钮	X4	系统启动指示灯	Y4
1 层确定	X5	空	Y5
2 层加 1	X6	系统异常指示灯	Y6
2 层确定	X7	空	Y7
3 层加 1	X10	电动机上升	Y10

续表

输入		输出	
功能	地址	功能	地址
3层确定	X11	电动机下降	Y11
4层加1	X12	电动机低速上升	Y12
4层确定	X13	电动机低速下降	Y13
1层限位	X14	开门辅助信号	Y14
2层限位	X15	空	Y15
3层限位	X16	空	Y16
4层限位	X17	空	Y17
上极限保护	X20		
下极限保护	X21		
手动上升	X22		
手动下降	X23		
空	X24	楼层LED显示	Y20—Y27
空	X25		
紧急停止	X26		
	X27		
高低速转换下	X30		
高低速转换上	X31		
空	X32		
空	X33		
1层关门下定位	X34	设定LED显示	Y30—Y37
2层关门下定位	X35		
3层关门下定位	X36		
4层关门下定位	X37		

各层限位通过继电器（DC24V）转换后送入PLC；各层门下限通过继电器（AC220V）转换后送入PLC

3. 硬件配线图

大型电梯硬件配线图如图6-1所示。

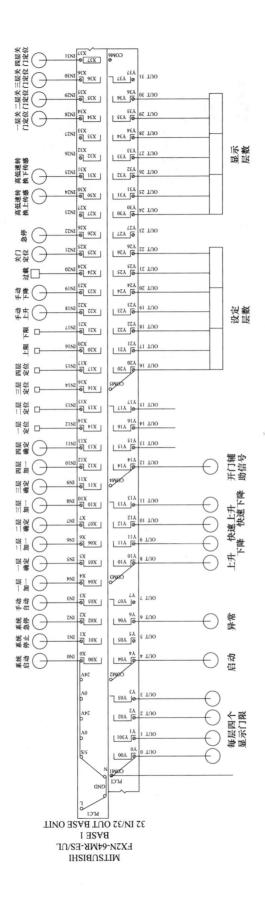

图6-1 大型电梯硬件配线图

4. 程序

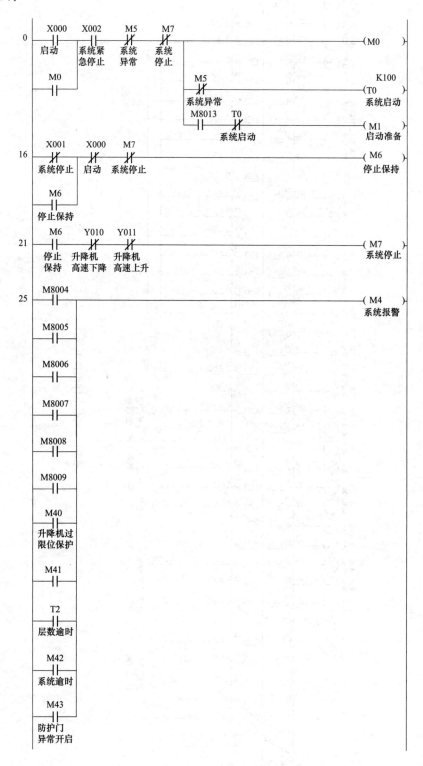

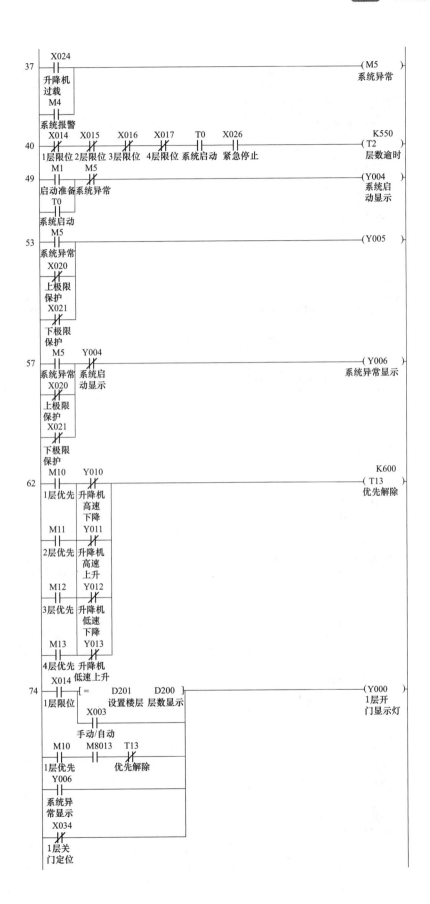

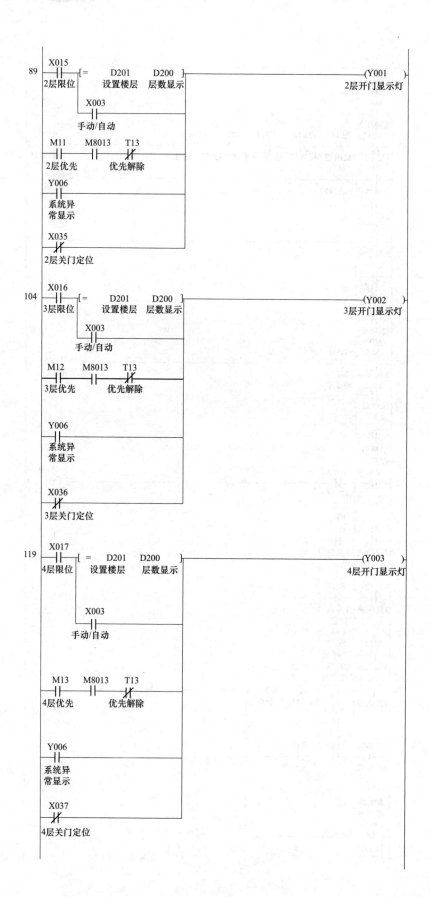

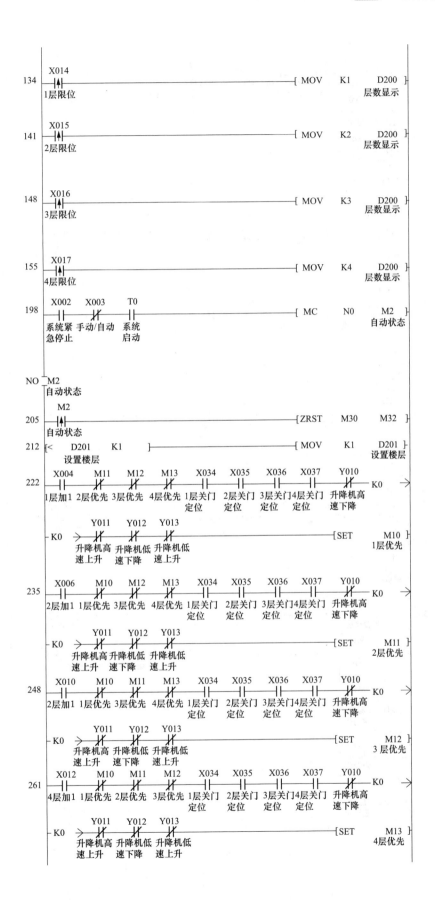

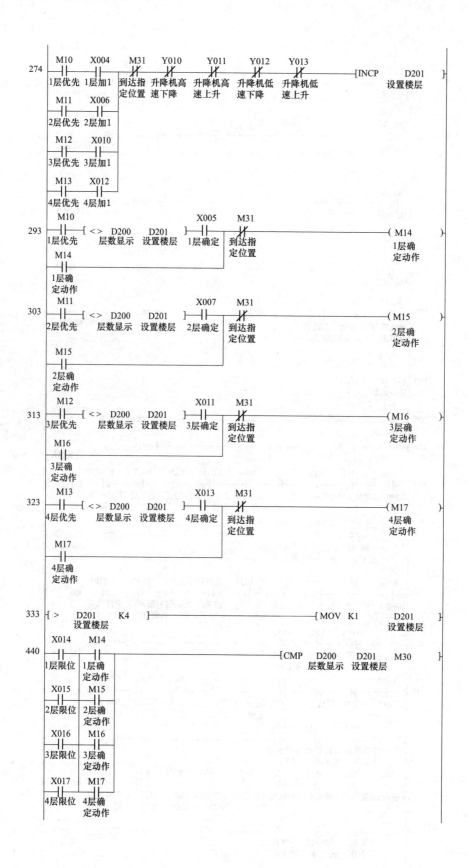

456　Y010　[<> D200 D201] T11　────────────[RST　M10]
　　升降机　　　层数显示 设置楼层　无动作　　　　　　　1层优先
　　高速下降　　　　　　　　　　　解除

　　Y011　────────────────────────────[RST　M11]
　　升降机　　　　　　　　　　　　　　　　　　　　　2层优先
　　高速上升

　　T13　────────────────────────────[RST　M12]
　　优先解除　　　　　　　　　　　　　　　　　　　　3层优先

　　　　─────────────────────────────[RST　M13]
　　　　　　　　　　　　　　　　　　　　　　　　　　4层优先

　　　　──────────────────────────────(M120)

471　M31　　　　　　　　　　　　　　　　　　　　　K1800
　　到达指　　　　　　　　　　　　　　　　　　　　(T10)
　　定位置

　　[= D200 D201]
　　　层数显示 设置楼层

480　T10　─────────────────────────────K100
　　　　　　　　　　　　　　　　　　　　　　　　(T11)
　　　　　　　　　　　　　　　　　　　　　　　　无动作解除

484　T11　──────────────────────────[ZRST　M30　M32]
　　无动作
　　解除

　　X034
　　─┤↑├─
　　1层关
　　门定位

　　X035
　　─┤↑├─
　　2层关
　　门定位

　　X036
　　─┤↑├─
　　3层关
　　门定位

　　X037
　　─┤↑├─
　　4层关
　　门定位

498　[= D200 D201]─────────────────────[RST　M30]
　　层数显示 设置楼层
　　　　　　　　　　　　　　　　　　　　　　　─[RST　M32]

505　──────────────────────────────[MCR　N0]

507　X003　X002　────────────────────[MC　N1　M3]
　　手动/自动　系统紧　　　　　　　　　　　　　　　　手动状态
　　　　　　　急停止

213

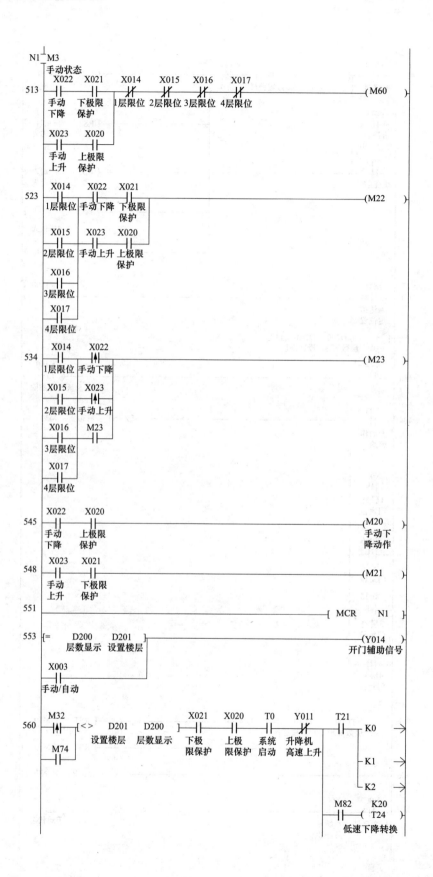

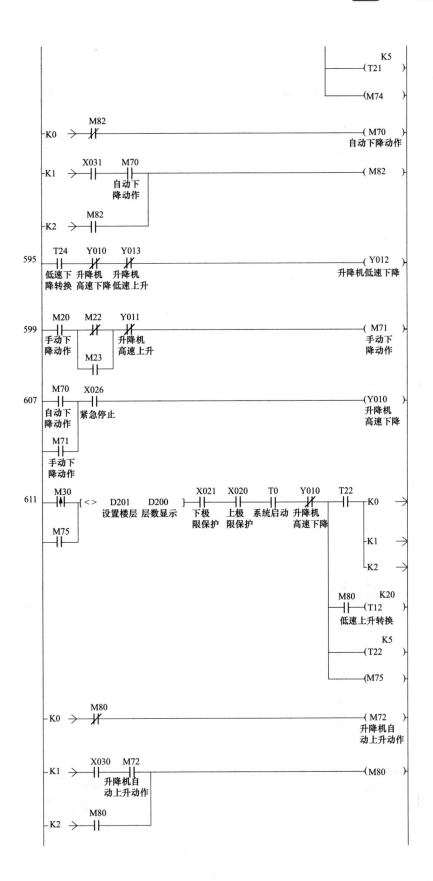

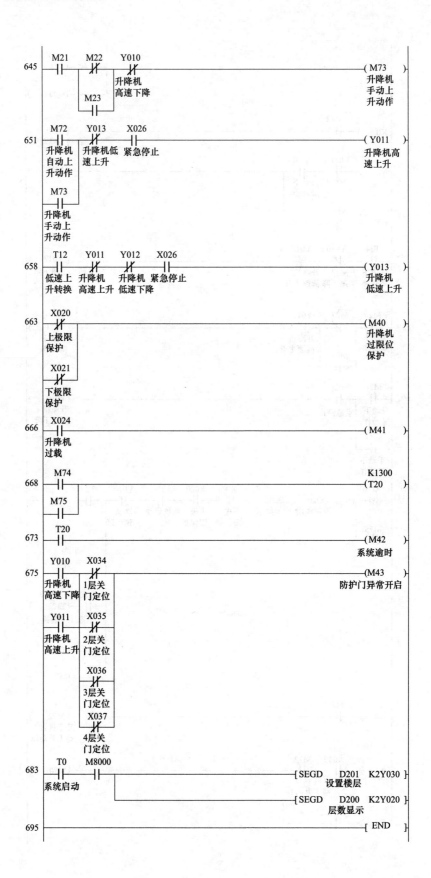

645　M21　M22　Y010 ──────────────────────────────(M73)
　　　┤├──┤/├──┤/├
　　　　　　　升降机
　　　　　　　高速下降
　　　　　M23
　　　　　┤├
　　　　　　　　　　　　　　　　　　　　　　　　　　　升降机
　　　　　　　　　　　　　　　　　　　　　　　　　　　手动上
　　　　　　　　　　　　　　　　　　　　　　　　　　　升动作

651　M72　Y013　X026 ──────────────────────────────(Y011)
　　　┤├──┤/├──┤/├
　　　升降机　升降机低　紧急停止
　　　自动上　速上升
　　　升动作
　　　M73
　　　┤├
　　　升降机
　　　手动上
　　　升动作
　　　　　　　　　　　　　　　　　　　　　　　　　　　升降机高
　　　　　　　　　　　　　　　　　　　　　　　　　　　速上升

658　T12　Y011　Y012　X026 ────────────────────────(Y013)
　　　┤├──┤/├──┤/├──┤/├
　　　低速上　升降机　升降机　紧急停止
　　　升转换　高速上升　低速下降
　　　　　　　　　　　　　　　　　　　　　　　　　　　升降机
　　　　　　　　　　　　　　　　　　　　　　　　　　　低速上升

663　X020 ──────────────────────────────────────(M40)
　　　┤/├
　　　上极限
　　　保护
　　　X021
　　　┤/├
　　　下极限
　　　保护
　　　　　　　　　　　　　　　　　　　　　　　　　　　升降机
　　　　　　　　　　　　　　　　　　　　　　　　　　　过限位
　　　　　　　　　　　　　　　　　　　　　　　　　　　保护

666　X024 ──────────────────────────────────────(M41)
　　　┤├
　　　升降机
　　　过载

668　M74 ───────────────────────────────────────(T20) K1300
　　　┤├
　　　M75
　　　┤├

673　T20 ───────────────────────────────────────(M42)
　　　┤├
　　　　　　　　　　　　　　　　　　　　　　　　　　　系统逾时

675　Y010　X034 ────────────────────────────────(M43)
　　　┤├──┤/├
　　　升降机　1层关
　　　高速下降　门定位
　　　Y011　X035
　　　┤├──┤/├
　　　升降机　2层关
　　　高速上升　门定位
　　　　　　X036
　　　　　　┤/├
　　　　　　3层关
　　　　　　门定位
　　　　　　X037
　　　　　　┤/├
　　　　　　4层关
　　　　　　门定位
　　　　　　　　　　　　　　　　　　　　　　　　　　　防护门异常开启

683　T0　M8000 ─────────────────────[SEGD　D201　K2Y030]
　　　┤├──┤├
　　　系统启动　　　　　　　　　　　　　　　　　　　　设置楼层
　　　　　　　　　　　　　　　　　　　─[SEGD　D200　K2Y020]
　　　　　　　　　　　　　　　　　　　　　　　　　　　层数显示

695 ──[END]

【例98】 冷库控制系统

1. 控制要求

（1）手动/自动切换。

（2）8路模拟量报警/切断功能。

（3）8路模拟量1000点采集记录功能。

（4）化霜5段时序设置更改功能。

（5）化霜程序定时启动/手动启动切换功能。

（6）压缩机状态，系统运行状态主屏幕显示功能。

（7）模拟量标定功能。

2. 控制架构

冷库控制系统架构如图6-2所示。

3. 电气原理图

冷库控制系统电气原理图如图6-3～图6-6所示。

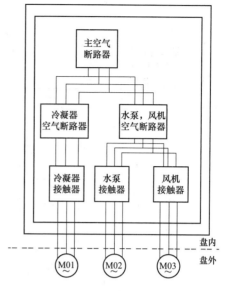

图6-2 冷库控制系统控制架构

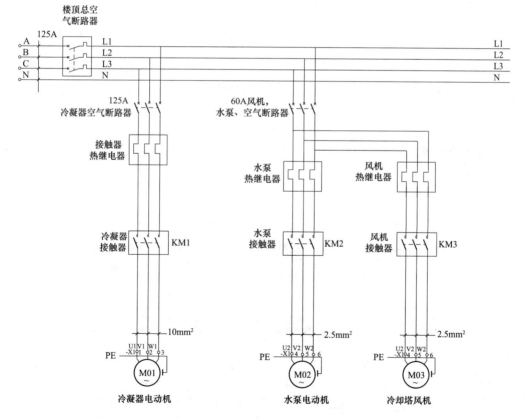

图6-3 电气原理图1

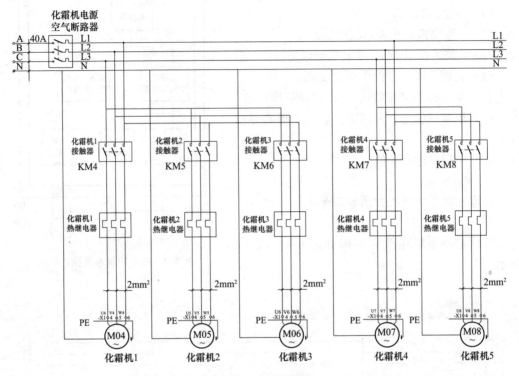

图 6-4　电气原理图 2

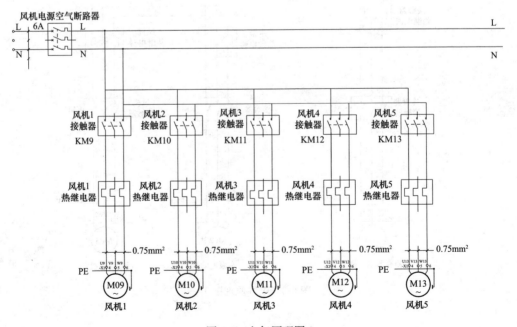

图 6-5　电气原理图 3

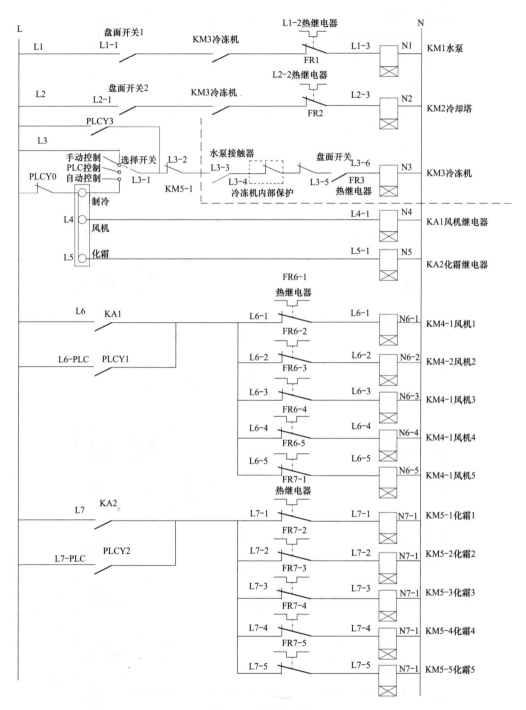

图 6-6 电气原理图 4

4. 程序

```
      M600    M601   X003                                              ( Y000  )
 0 ─────┤├─────┤/├────┤/├──────────────────────────────────────────────────────
     PLC控制  外部控制 自动控制                                         系统由
                                                                       PLC控制
      Y000
     ─────┤├──
     系统由
     PLC控制

      M8000
 6 ─────┤├────┤[>    D500     K24 ]─────────────────────────[ RST     D500  ]
                    化霜周期                                          化霜周期

             ┤[>    D501     K60 ]─────────────────────────[ RST     D501  ]
                    化霜时                                           化霜时
                    间设定                                           间设定

             ┤[>    D502     K60 ]─────────────────────────[ RST     D502  ]
                    滴水时                                           滴水时
                    间设定                                           间设定

      M503
34 ─────┤├────────────────────────────────────────────────[ RST     D505  ]
     人机控制                                                       1min计数
     化霜停止

      M8000
38 ─────┤├──────────────────────────────[ MUL  D500    K60      D600  ]
                                              化霜周期                化霜周期
                                                                     (min)

             ──────────────────────────[ SUB  D600    D501     D602  ]
                                              化霜周期  化霜时
                                              (min)    间设定

             ──────────────────────────[ SUB  D602    D502     D604  ]
                                              滴水时   开始化
                                              间设定   霜时间

      M8000
60 ─────┤├──────────────────────────────[ SUB  D600    D502     D606  ]
                                              化霜周   滴水时   开始滴
                                              期(min)  间设定   水时间

      Y000
68 ─────┤/├──────────────────────────────────────────────[ RST     D505  ]
     系统由                                                        1min计数
     PLC控制

             ────────────────────────────────────────────[ RST     M160  ]
                                                                   化霜刚开始

             ────────────────────────────────────────────[ RST     D507  ]
                                                                   化霜开始时间

             ────────────────────────────────────────────[ RST     M161  ]
                                                                   刚开始滴水

             ────────────────────────────────────────────[ RST     D519  ]
                                                                   已滴水时间
```

```
80   Y002   Y000    [>   D500      K0 ]────────────────────┤ MOVP  D604    D505 ]
     │↑├───│/├                                             │       开始化   1min计数
     化霜启动  系统由     化霜周期                             │       霜时间
            PLC控制                                          │
                                                            │
                                                            └────┤ RST   T10       ]
                                                                         1min计时

95   Y000    [>   D500     K0 ]  T10   [>   D501      K0 ]──────────(T10    )
     ┤ ├              化霜周期          │/├           化霜时间设定              K600
     系统由              化霜周期       1min计时                              1min计时
     PLC控制

110  T10   ──────────────────────────────────────────────────[ INCP  D505    ]
     ┤ ├                                                              1min计数
     1min计时

114  [>=  D505   D604 ]  Y000   [>   D505     K0 ]────────────────────[ K0   ]→
          1min计数  开始化   ┤ ├           1min计数
                  霜时间   系统由
                          PLC控制

     K00 →[<=   D505   D606 ]──────────────────────────────(M150   )
              1min计数  开始滴                                 开始化霜
                      水时间

131  [>=  D505   D606 ]  Y000   [>   D505     K0 ]──────────(M151   )
          1min计数  开始滴   ┤ ├           1min计数              开始滴水
                  水时间   系统由
                          PLC控制

143  [>=  D505   D600 ]  Y000   [>   D505     K0 ]────────[ RST   D505    ]
          1min计数  化霜周期  ┤ ├           1min计数                 1min计数
                  (min)   系统由
                          PLC控制

157  Y002  ─────────────────────────────────────────────[ SET   M160    ]
     │↑├                                                          化霜刚
     化霜启动                                                       开始

           ─────────────────────────────────────────────[ RST   D507    ]
                                                                  化霜开
                                                                  始时间

           ─────────────────────────────────────────────[ RST   T11     ]

165  M151  ─────────────────────────────────────────────[ SET   M161    ]
     │↑├                                                          刚开始滴水
     开始滴水

           ─────────────────────────────────────────────[ RST   D519    ]
                                                                  已滴水时间

           ─────────────────────────────────────────────[ RST   T12     ]
```

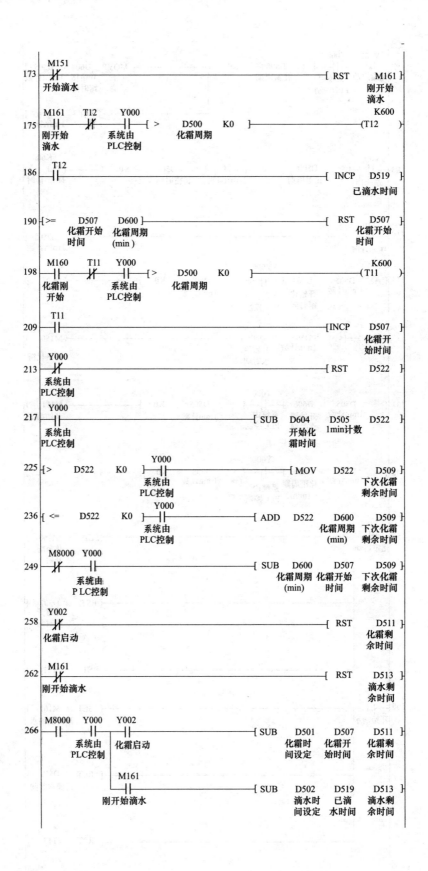

```
286  Y000    M500    M501    Y002    M150    M151                      ( Y001 )
     ┤├──────┤/├─────┤/├─────┤/├─────┤/├─────┤/├                       风机启动
     系统由   人机    人机控   化霜    开始化霜 开始滴水
     PLC     控制风机  制风机   启动
     控制     启动     停止

             M150
             ┤/├
             开始
             化霜

             Y001
             ┤├
             风机启动


             M502    M503    M151                                      ( Y002 )
             ┤├──────┤/├─────┤/├                                       化霜启动
             人机控   人机控   开始滴水
             制化霜   制化霜
             启动     停止

             M150
             ┤├
             开始
             化霜

             Y002
             ┤├
             化霜启动


             M504    M505    Y002    M567    M150    M151               ( Y003 )
             ┤├──────┤/├─────┤/├─────┤/├─────┤/├─────┤/├                冷冻启动
             人机控   人机控   化霜    温度    开始    开始
             制冷冻   制冷冻   启动    过低    化霜    滴水
             启动     停止

             M150
             ┤/├
             开始
             化霜

             Y003
             ┤├
             冷冻启动


                                                    *<通道1开始A/D                    >
316  M8000
     ┤├                                        ─[ TO      K0      K17     H0      K1 ]

                                                    *<读取通道1的数字量                 >

                                             ─[ TO      K0      K17     H2      K1 ]

                                                    *<数据组合存入D100                  >

                                             ─[ FROM    K0      K0      K2M100  K2 ]


                                             ─[ MOV    K4M100   D100 ]
                                                               通道1压力
```

223

*<通道2开始A/D转换   >

```
       M8000
349 ──┤├──┬─────────────────────────────[ T0     K0     K17    H1     K1 ]
        │
        │                              *<读取通道2的数字值                    >
        │
        ├─────────────────────────────[ T0     K0     K17    H3     K1 ]
        │
        │                              *<数据组合存入D101                     >
        │
        ├─────────────────────────────[ FROM   K0     K0    K2M116  K2 ]
        │
        └──────────────────────────[ MOV    K4M116   D101 ]
                                                        通道2 压力
```

*<设定每个通道的采样次数   >

```
       M8002
382 ──┤├──┬──────────────────────[ FROM   K1     K30    D50    K1 ]
        │
        └──────────────────────[ CMP    K2040   D50    M70 ]

                                  *<读取每个通道的平均数据                   >
       M71
399 ──┤├──┬──────────────────────[ T0     K1     K1     K4     K4 ]
        │
        └──────────────────────[ FROM   K1     K5     D402   K4 ]
```

```
       M8014
418 ──┤├──[ >     D120     K0 ]──────────────[ INCP   D121 ]
             设定时间/min                              1min+1信号
```

```
427 ─[ >=   D121    D120 ]─[ >   D120    K0 ]──────[ SET    M1000 ]
            1min+1  设定时间/       设定时间/                    数据记
            信号    min            min                         录信号
```

```
       M1000                                              K80
438 ──┤├──┬───────────────────────────────────────(T20  )
        │ 数据记
        │ 录信号   T20
        │         ──┤├──────────────────────────[ RST    M1000 ]
        │                                                 数据记
        │                                                 录信号
```

```
444 ─[ >=   D121    D120 ]──────────────────[ MOV    K0     D121 ]
            1min+   设定时间/                                1min+1信号
            1信号   min
```

```
       M8000
454 ──┤├──┬───────────────────────────[ ADD    D402   K0     D102 ]
        │                                                      通道1温度
        │
        ├───────────────────────────[ ADD    D403   K0     D103 ]
        │
        └───────────────────────────[ ADD    D404   K0     D104 ]
                                                             实际温度
```

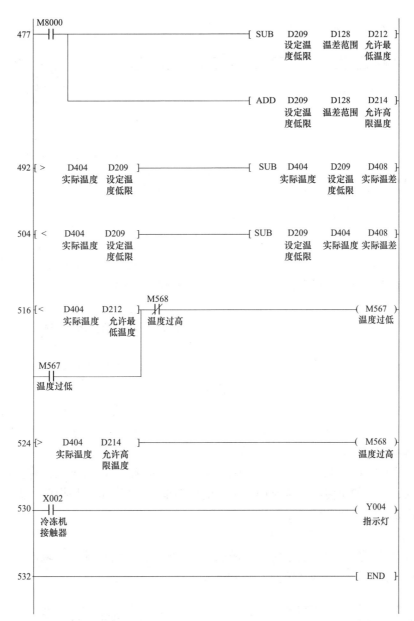

【例 99】 牵引同步控制系统

1. 同步传动模式简介

"同步"通常指两个或多个独立的传动装置（或称单元）之间的运行状况，常见的两种同步传动模式如图 6-7 和图 6-8 所示。

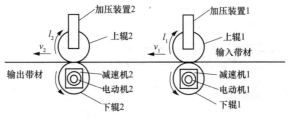

图 6-7　同步传动模式 1

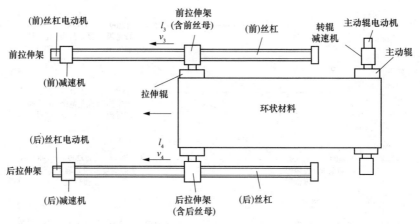

图 6-8　同步传动模式 2

（1）同步传动模式 1。对于图 6-7 所示的同步传动模式 1，气动加压式对辊 1 和对辊 2 是两个独立的传动单元，设单元 1 为主令单元，即单元 1 的线速度 v 就是设备的车速。对于这种传动系统，"同步"有 3 种情况。

1）同速。同速是指线速度 v_2 与线速度 v_1 相同。如果被加工的带材是柔性材料如棉织物，这种同步运行中棉织物的内部张力是不确定的。

2）牵伸。牵伸是指 $v_2 > v_1$，如 $v_2 = 1.05v_1$，则输送棉织物的长度 $l_2 > l$，在棉织物的弹性范围内，张力与伸长量 $\Delta l = l_2 - l_1$ 成比例。

3）超喂。超喂是指 $v_2 < v_1$，如 $v_2 = 0.95v_1$。仍以棉织物为例，在热风拉幅定型过程中，输入的湿织物被热风烘干，并且在幅向被拉宽，为了符合织物伸长率指标，v_2 必须小于 v_1，即喂入湿布长度 l_1 要大于出布长度 l_2，这就是超喂。

（2）同步传动模式 2。对于图 6-8 所示的同步传动模式 2，前丝杠、前拉伸架传动装置和后丝杠、后拉伸架传动装置是两个独立的传动单元。"同步"是指两者的位置、速度和加速度都相同，即 $l_3 = l_4$，$v_3 = v_4$，$a_3 = a_4$。

2. 牵引同步控制系统组成及工艺要求

超大型热风定型机的牵引系统示意图如图 6-9 所示。系统由前、后轨道车同步控制系统和前、后拉伸架同步控制系统两大部分组成。

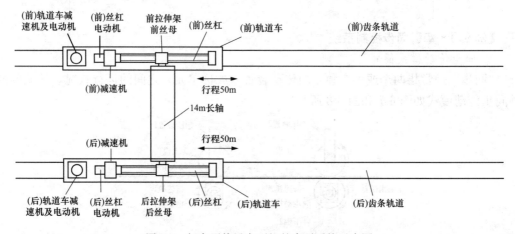

图 6-9　超大型热风定型机的牵引系统示意图

超大型热风定型机的加工对象是由重型织机织造的聚酯纤维网，网宽 14m，网长 100m，两端插接后成为环状网，套在主动辊和拉伸辊上。

前轨道车和后轨道车的结构和配置相同，车上装有传动轨道车的伺服电动机和减速机，要求前、后轨道车牵引环状聚酯纤维网平行移动，移动 50m，同步误差不大于 15mm。

轨道车上安装有丝杠、拉伸架（含丝母）、减速机、伺服电动机及相应的机械部件。直径 900mm，长 16m 的特制空心长轴安装在前、后拉伸架上。在轨道车平行移动过程中，当环状聚酯纤维网被拉紧且张力达到设定值时，前、后轨道车停止并被锁固，此后，移动长轴由前、后拉伸架传动，沿丝杠移动 6m，要求同步误差不大于 2mm。

满足工艺要求的牵引同步控制系统框图如图 6-10 所示。系统由 PWS6800 型触摸屏、FX2N-48MR 主单元、FX2N-4AD 型模拟量输入模块、FX2N-4DA 型模拟量输出模块、2 套 IMS-ACT4011WG-BP 型伺服驱动装置（含配套伺服电动机和减速机）、2 套 IMS-ACT4015WG-BP 型伺服驱动装置（含配套伺服电动机和减速机）等组成。

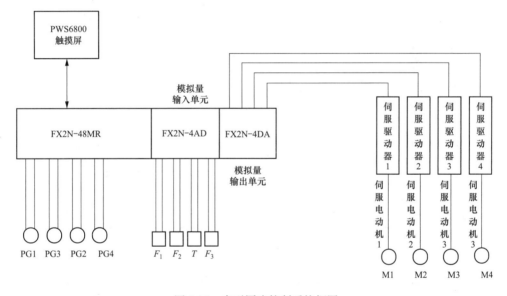

图 6-10　牵引同步控制系统框图

3. 程序

```
     X010
 0 ──┤├──────────────────────────────────────( M8235 )
    X10断开，                                    控制C235
    增计数，                                     计数方向
    接通，                                       的特殊继
    减计数。                                     电器
     M70
   ──┤├──

     X011
 4 ──┤├──────────────────────────────[ RST   C235 ]
    X11接通，
    C235
    复位
     M71
   ──┤├──
```

```
       X012                                              K800000
8     ──┤├──────────────────────────────────────────────( C235 )
       M72
      ──┤├──
   M72接通，
   C235对由
   X0输入
   脉冲计数
       X010
15    ──┤├──────────────────────────────────────────────( M8236 )
   X10断开，                                              控制C236
   增计数，                                               计数方向
   接通，                                                 的特殊继
   减计数。                                               电器
       M70
      ──┤├──
       X011
19    ──┤├──────────────────────────────────[RST    C236   ]
   X11接通，
   C235
   复位
       M71
      ──┤├──
       X012                                              K800000
23    ──┤├──────────────────────────────────────────────( C236 )
       M72
      ──┤├──
   M72接通，
   C235对由
   X0输入
   脉冲计数
       X013
30    ──┤├──────────────────────────────────────────────( M8237 )
       M73                                               控制C237
      ──┤├──                                             计数方向
                                                         的特殊继
                                                         电器
       X014
34    ──┤├──────────────────────────────────[RST    C237   ]
       M74
      ──┤├──
       X015                                              K700000
38    ──┤├──────────────────────────────────────────────( C237 )
       M75
      ──┤├──
       X013
45    ──┤├──────────────────────────────────────────────( M8238 )
                                                         控制C238
       M73                                               计数方向
      ──┤├──                                             的特殊继
                                                         电器
       X014
49    ──┤├──────────────────────────────────[RST    C238   ]
       M74
      ──┤├──
       X015                                              K700000
53    ──┤├──────────────────────────────────────────────( C238 )
       M75
      ──┤├──
       M8000
60    ──┤├──────────────────────────────[DMOV   C235   D400 ]
                                        ─[DMOV   C236   D404 ]
       M8012
79    ──┤├──────────────────────────────[DMOVP  D400   D410 ]
                                        ─[DMOVP  D404   D414 ]
```

```
                                          *< 前后轨道车位移比较           >
  98  M8000                         ─[DCMP   D410    D414    M13 ]
      ─┤├─┬──────────────────────────                         前轨道车
        │                                                      位移大于
        │                                                      后轨道车,
        │                                                      接通
        │     M13
        │   ──┤├──────────────────────[DSUB   D410    D414    D416 ]
        │   前轨道车                                            位置误差
        │   位移大于
        │   后轨道车,
        │   接通
        │     M14
        │   ──┤├──┐
        │         │
        │     M15 │
        └───┤├────┴────────────────[DSUB   D414    D410    D416 ]
          前轨道车                                              位置误差
          位移小于
          后轨道车,
          接通

 144  M8000                         ─[DZCP   K0     K5     D416    M16 ]
      ─┤├─┬──────────────────────────                         位置误差
        │     M17                   *< 第1级放大系数                >
        │   ──┤├─┬────────────────────────────[MOV    D420    D450 ]
        │       │                   *< 第1级积分时间常数             >
        │       └────────────────────────────[MOV    D500    D172 ]

 173  M8000                         ─[DZCP   K6     K10    D416    M19 ]
      ─┤├─┬──────────────────────────                         位置误差
        │     M20                   *< 第2级放大系数                >
        │   ──┤├─┬────────────────────────────[MOV    D421    D450 ]
        │       │                   *< 第2级积分时间常数             >
        │       └────────────────────────────[MOV    D501    D172 ]

 202  M8000                         ─[DZCP   K11    K15    D416    M22 ]
      ─┤├─┬──────────────────────────                         位置误差
        │     M23                   *< 第3级放大系统                >
        │   ──┤├─┬────────────────────────────[MOV    D422    D450 ]
        │       │                   *< 第3级积分时间常数             >
        │       └────────────────────────────[MOV    D502    D172 ]

 231  M8000                         ─[DZCP   K16    K20    D416    M25 ]
      ─┤├─┬──────────────────────────                         位置误差
        │     M26                   *< 第4级放大系数                >
        │   ──┤├─┬────────────────────────────[MOV    D423    D450 ]
        │       │                   *< 第4级积分时间常数             >
        │       └────────────────────────────[MOV    D503    D172 ]

 260  M8000                         ─[DZCP   K21    K25    D416    M28 ]
      ─┤├─┬──────────────────────────                         位置误差
        │     M29                   *< 第5级放大系统                >
        │   ──┤├─┬────────────────────────────[MOV    D424    D450 ]
        │       │                   *< 第5级积分时间常数             >
        │       └────────────────────────────[MOV    D504    D172 ]

 289  M8000                         ─[DZCP   K26    K30    D416    M31 ]
      ─┤├─┬──────────────────────────                         位置误差
        │     M32                   *< 第6级放大系数                >
        │   ──┤├─┬────────────────────────────[MOV    D425    D450 ]
        │       │                   *< 第6级积分时间常数             >
        │       └────────────────────────────[MOV    D505    D172 ]
```

```
       M8000
318 ───┤├────────────────────────────┤ DZCP    K30      K35      D416    M34 ├
                                                         位置误差

            M35                                  *<第7级放大系数                    >
        ───┤├───────────────────────────────────────┤ MOV    D426    D450 ├
                                                 *<第7级积分时间常数                  >
                                                     ┤ MOV    D506    D172 ├

       M8000
347 ───┤├────────────────────────────┤ DZCP    K36      K40      D416    M37 ├
                                                         位置误差

            M38                                  *<第8级放大系数                    >
        ───┤├───────────────────────────────────────┤ MOV    D427    D450 ├
                                                 *<第8级积分时间常数                  >
                                                     ┤ MOV    D507    D172 ├

       M8000
376 ───┤├────────────────────────────┤ DZCP    K41      K50      D416    M40 ├
                                                         位置误差

            M41                         *<第9级放大系数                           >
        ───┤├───────────────────────────────────────┤ MOV    D428    D450 ├
                                        *<第9级积分时间常数                         >
                                                     ┤ MOV    D508    D172 ├

       M8000
405 ───┤├────────────────────────────┤ DZCP    K51      K70      D416    M43 ├
                                                         位置误差

            M44                                  *<第10级放大系数                   >
        ───┤├───────────────────────────────────────┤ MOV    D429    D450 ├
                                                 *<第10级积分时间常数                 >
                                                     ┤ MOV    D509    D172 ├

       M8000
434 ───┤├────────────────────────────┤ DZCP    K71      K100     D416    M46 ├
                                                         位置误差

            M47                                  *<第11级放大系数                   >
        ───┤├───────────────────────────────────────┤ MOV    D430    D450 ├
                                                 *<第11级积分时间常数                 >
                                                     ┤ MOV    D510    D172 ├

       M8000
463 ───┤├────────────────────────────┤ DZCP    K101     K200     D416    M49 ├
                                                         位置误差

            M50                                  *<第12级放大系数                   >
        ───┤├───────────────────────────────────────┤ MOV    D431    D450 ├
                                                 *<第12级积分时间常数                 >
                                                     ┤ MOV    D511    D172 ├

       M8000
492 ───┤├────────────────────────────┤ DZCP    K201     K300     D416    M52 ├
                                                         位置误差

            M53                                  *<第13级放大系数                   >
        ───┤├───────────────────────────────────────┤ MOV    D432    D450 ├
                                                 *<第13级积分时间常数                 >
                                                     ┤ MOV    D512    D172 ├

       M8000
521 ───┤├────────────────────────────┤ DZCP    K301     K400     D416    M55 ├
                                                         位置误差
```

```
                    M56                              *<第14级放大系数            >
550        ├──────┤├──────────────────────────┤ MOV    D433    D450 ├
                                                 *<第14级积分时间常数            >
                  ┌─────────────────────────┤ MOV    D513    D172 ├
      M8000       │
      ├──┤├───────┴─────────────────┤ DZCP  K401   K600   D416    M58 ├
                                                          位置误差
                    M59                              *<第15级放大系数            >
           ├──────┤├──────────────────────────┤ MOV    D434    D450 ├
                                                 *<第15级积分时间常数            >
                  ┌─────────────────────────┤ MOV    D514    D172 ├
                  │
                    M60                              *<第16级放大系数            >
           ├──────┤├──────────────────────────┤ MOV    D435    D450 ├
                                                 *<第16级积分时间常数            >
                  ┌─────────────────────────┤ MOV    D515    D172 ├
                  │
      M8000                             *<将前轨道车速度设定值转换为浮点数>
592   ├──┤├──────────────────────────────────┤ FLT    D200    D202 ├
                                             前轨道车
                                             控制输出
           ├──────────────────────────┤ DEMUL  D202    D204    D212 ├
                                                              后轨道车
                                                              速度比值
                                                              系数
           ├──────────────────────────┤ DINT   D212    D260 ├
                                             后轨道车   后轨道车
                                             速度比值   比值前馈
                                             系数       信号
      M8000                             *<后车对前车跟随误差的比例控制项>
620   ├──┤├──────────────────────────────────┤ MUL    D416    D450    D452 ├
                                             位置误差            可变比
                                                                例系数
                                                                控制项
       M13                              *<前馈控制项+可变比例系数控制项>
628   ├──┤├──┬───────────────────────────┤ ADD    D260    D452    D460 ├
      前轨道车 │                            后轨道车  可变比
      位移大于 │                            比值前馈  例系数
      后轨道车 │                            信号      控制项
      ，接通   │            *<前馈控制项+可变比例系数控制项+可变积分时间常数控制项>
       M14    │
      ├──┤├──┴───────────────────────────┤ ADD    D460    D130    D470 ├
                                                    可变积分  后轨道车
                                                    时间常数  控制输出
                                                    控制项
       M15
644   ├──┤├──┬───────────────────────────┤ SUB    D260    D452    D460 ├
      前轨道车 │                            后轨道车  可变比
      位移小于 │                            比值前馈  例系数
      后轨道车 │                            信号      控制项
      ，接通   │
              ├───────────────────────────┤ SUB    D460    D130    D470 ├
                                                    可变积分  后轨道车
                                                    时间常数  控制输出
                                                    控制项
      M8000
659   ├──┤├──┬───────────────────────────┤ ZCP    K0      K5000   D470    M80 ├
           │                                                       后轨道车
           │                                                       控制输出
           │   M80
           ├──┤├───────────────────────┤ MOV    K0      D470 ├
           │                                                后轨道车
           │                                                控制输出
           │   M81后轨道车控制项K0~K5000范围内时，M81接通
           ├──┤├───────────────────────┤ MOV    D470    D470 ├
           │                             后轨道车  后轨道车
           │                             控制输出  控制输出
           │   M82
           ├──┤├───────────────────────┤ MOV    K5000   D470 ├
                                                          后轨道车
                                                          控制输出
      X017   X020
690   ├──┤├──┬┤/├─────────────────────────────────────( M85 )
      M85  │
      ├──┤├──┘
```

```
          T236  M85                                              D182
694  ──┤/├──┤├─────────────────────────────────────────────( T235 )
          T235  M85              T235、T236构成时钟脉冲发生器    D172
699  ──┤├──┤├──────────────────────────────────────────────( T236 )
          T235
704  ──┤├────────────────────────────────────────[ PLS    M130 ]
                              上升沿微分输出脉冲
          M130  M13  X021
707  ──┤├──┤├──┤├──────────────────────────────[ INCP   D130 ]
         前轨道车              脉冲增1指令，        可变积分
         位移大于              用于正向积分控制      时间常数
         后轨道                                    控制项
         车，接通
          X022
713  ──┤├──────────────────────────────────[ MOV    K0    D130 ]
                                                            可变积分
                                                            时间常数
                                                            控制项

          M130  M13  X021
719  ──┤├──┤├──┤/├──────────────────────────────[ DECP   D130 ]
         前轨道车              脉冲减1指令，        可变积分
         位移大于              用于反向积分控制      时间常数
         后轨道                                    控制项
         车，接通

          M8000
725  ──┤├──────────────────────────────[ DMUL   D172   D274   D176 ]

                                        ─────────[ DDIV   D176   D280   D182 ]

          M8000
752  ──┤├──────────────────────────────[ FROM   K1   K30   D4   K1 ]

                                        ─────────[ CMP   K3020   D4   M86 ]

          M87
769  ──┤├──────────────────────────────[ TOP   K1   K0   H0   K1 ]
                              CH1~CH4为标准电压输出

                                        ─────────[ TO   K1   K5   H111   K1 ]
                              CH1~CH4复位到偏移值

                                        ─────────[ TO   K1   K1   D0   K4 ]
                              D0~D4中的数据写入CH1~CH4

                                        ─────────[ FROM   K1   K29   K4M90   K1 ]
                              BFM#29(b15~b0)送到M105~M90

          M8000
806  ──┤├──────────────────────────────[ MOV   D200   D0 ]
                                              前轨道车
                                              控制输出

                                        ─────────[ MOV   D470   D1 ]
                                              后轨道车
                                              控制输出
          M90   M100
817  ──┤/├──┤/├─────────────────────────────────────────────( Y001 )

820  ─────────────────────────────────────────────────────[ END ]
```

【例100】 简单物料传送及分拣系统

1. 系统简介

自动分拣控制系统的电气控制部分由上位计算机、传感器、光电控制器、以及变频器、电动机及继电器控制部分等构成。某简单物料传送及分拣系统如图6-11所示，该系统由传送系统和分拣系统组成。传送系统由机械手完成工件的抓取和转移；分拣系统由传送带输送并对不同要求的工件进行区别、分类和拣出。要求实现对铝块及白色、蓝色两种塑料块共3种材料的自动分拣。

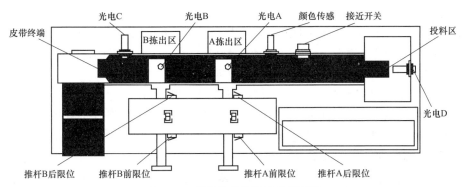

图6-11 简单物料传送及分拣系统

系统包括5个传感检测位置，从右至左分别为：接近开关（感应金属工件）、颜色分辨传感器（感应白色工件，对蓝色不敏感）。位置A光电开关、位置B光电开关。位置C光电开关。系统有4个工件放置区城：投料区、A拣出区、B拣出区，皮带终端。控制要求：

（1）变速控制。当传送带正转时，被检测区城中没有检测到任何工件时，电动机以高速运行。反之电动机以低速运行。当传送带反转时，电动机工作在中速30Hz，即变频器的X1、X2同时接通。加、减速时间分别为2s、1s

（2）材质分拣。当金属工件通过接近开关时被感知，那么该工件到达光电开关A处，推杆A把金属工件推入A拣出区。同时该区计数器加1。

（3）颜色分拣。当白色工件通过颜色传感器时被感知，那么该工件到达光电开关B处，推杆B把白色工件推入B拣出区。同时该区计数器加1。

（4）废品分拣。当废品（蓝色工件）到来时，接近开关和颜色传感器均无感应，那么该工件作为废品运送到位置C处的光电开关时，延时1s后传送带停止，等待机械手来把工件抓走，等待重新加工。

（5）工件放置。投放工件时应在投料区内，并且要等前一个工件越过标志线后才能放第二个工件。工件随机、连续摆放，没有个数限制。

（6）工件包装。当A拣出区或B拣出区内达到4只工件时，即相应的拣出区计数器累计数值等于4时，传送带停止（暂停），等待包装，等待5s后包装完毕，传送带继续按照暂停前的状态运行（同时该计数器清零）。

（7）工件转移。被分拣工件中混杂着的废品（蓝色）到达皮带终端时需要停止传送，此状态也为暂停状态，当机械手把其转移到废品料盘，且返回初始位置后，暂停状态结束，传送带继续暂停前的状态运行。

（8）返回重拣。当需要把废品区的工件返回到传送带上重新进行分拣时，先按下重拣按钮，此时蜂鸣器长鸣，提示不得在投料区投放工件；等传送带把已经在皮带上的料分拣完毕后，机械手执行工件返回重拣动作。当工件被机械手放回到皮带终端后 1s，传送带以反向中速运行，把该工件送回到投料区（光电开关 D 感应到）后停止，然后立即转换为正向高速进入正常分拣程序。

(9) 启停控制。按下启动按钮时，系统启动，但需等待机械手检测并回到初始状态后，传送带才开始高速运行等待检测工件。按下停止按钮时，如果机械手吸合工件并正在转移的过程中不响应该停止信号，领等废品工件安全释放到料盘时（或从料盘转移到皮带终端后）才可停止整个传送系统。

2. 控制要求

(1) 机械手传送系统。机械手传送系统由 3 台直流电动机拖动。通过 3 台电动机的正反转切换来控制机械臂的上下、左右及水平旋转运动，且均为恒压、恒速控制。机械手由电磁铁的通、断电完成对工件的吸取和释放动作。

1) 初始状态。机械手电磁铁处于放置工件位置（料盘）上方，机械臂位于上限、左限（伸出）位置。整个系统启动时机械手应优先检测初始状态，并保证处于初始位置。

2) 抓取转移工件。当有符合要求的工件到达传送带左端时，机械手开始工作。从初始位置逆时针旋转到被抓工件上方、下降至下限位、吸取工件、停留 1s、上升至上限位、顺时针旋转至机械手料盘正上方、下降至下限位、释放工件、停留 1s、返回初始位置。为避免意外发生，从机械手吸合工件到释放至料盘期间，传送系统不响应停止信号。

3) 工件返回重拣。当需要把被机械手转移的工件取回重新分拣时，机械手首先在废品料盘中吸取工件，然后按照同上述相反的过程把工件放回到皮带终端（传送带左端），然后机械手返回到初始位置。

(2) 工件分拣系统。工件分拣系统由变频器控制的三相异步电动机拖动，可实现正反转变换，有高速（对应频率 50Hz）、中速（对应频率 30Hz）和低速（对应频率 15Hz）3 种速度，从而控制皮带传送速度的快慢。

3. 分析

(1) I/O 地址分配见表 6-2。

表 6-2   I/O 分配表

输入		输出	
功能	地址	功能	地址
机械手上限位 SQ1	X0	变频器正转 STF	Y0
机械手下限位 SQ2	X1	变频器反转 STR	Y1
机械手前限位 SQ3	X2	低速运行 RL	Y2
机械手后限位 SQ4	X3	高速运行 RH	Y3
机械手左限位 SQ5	X4	推杆 A 伸出 KA1	Y4
机械手右限位 SQ6	X5	推杆 A 缩回 KA2	Y5
重拣按钮 SB3	X6	推杆 B 伸出 KA3	Y6
启动按钮 SB1	X10	推杆 B 缩回 KA4	Y7
停止按钮 SB2	X11	机械手上升 KA5	Y10
颜色检测开关 SQ10	X12	机械手下降 KA6	Y11
金属检测开关 SQ11	X13	机械手伸出 KA7	Y12
光电开关 A SQ12	X14	机械手缩回 KA8	Y13
光电开关 B SQ13	X15	机械手右转 KA9	Y14
光电开关 C SQ14	X16	机械手左转 KA10	Y15

输入		输出	
功能	地址	功能	地址
光电开关 D SQ15	X17	机械手吸合 KA11	Y16
推杆 A 前限位 SQ20	X20	蜂鸣器 KA12	Y17
推杆 A 后限位 SQ21	X21	数码显示 A1	Y20
推杆 B 前限位 SQ22	X22	数码显示 B1	Y21
推杆 B 后限位 SQ23	X23	数码显示 C1	Y22
		数码显示 D1	Y23
		数码显示 A2	Y24
		数码显示 B2	Y25
		数码显示 C2	Y26
		数码显示 D2	Y27

（2）PLC 接线图如图 6-12 所示。

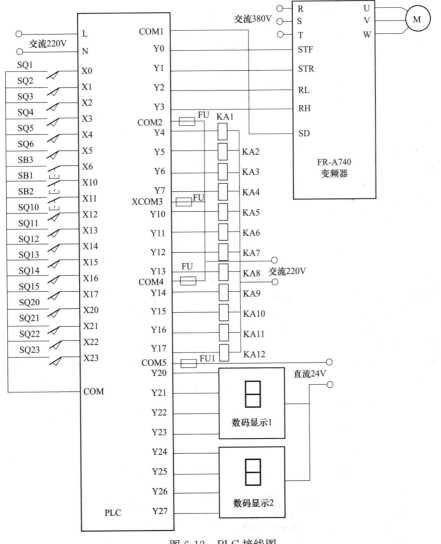

图 6-12　PLC 接线图

4. 设定变频器参数

物料传送运行参数见表6-3，运行状态与接线端及对照见表6-4。

表6-3 物料传送运行参数表

参数代码	功能	设定数据
Pr. 0	转矩提升	3%
Pr. 1	上限频率	50Hz
Pr. 2	下限频率	0Hz
Pr. 3	基准频率	50Hz
Pr. 4	多段速（高速）	50Hz
Pr. 6	多段速（低速）	15Hz
Pr. 7	加速时间	3s
Pr. 8	减速时间	2s
Pr. 9	电子过流保护	14.3A
Pr. 14	适用负荷选择	0
Pr. 20	加减速基准频率	50Hz
Pr. 21	加减速时间单位	0
Pr. 25	多段速（中速）	30Hz
Pr. 77	参数写入选择	0
Pr. 78	逆转防止选择	0
Pr. 79	运行模式选择	3
Pr. 80	电动机（容量）	5.5kW
Pr. 81	电动机（级数）	4极
Pr. 82	电动机励磁电流	13A
Pr. 83	电动机额定电压	380V
Pr. 84	电动机额定频率	50Hz
Pr. 178	STF端子功能选择	60
Pr. 179	STR端子功能选择	61
Pr. 180	RL端子功能选择	0
Pr. 182	RH端子功能选择	2

表6-4 运行状态与接线端子对照表

速度	高速	中速	低速
控制端子	RH	RH，RL	RL
参数号	Pr. 4	Pr. 25	Pr. 6
设定值 HZ	50	30	15

5. 程序

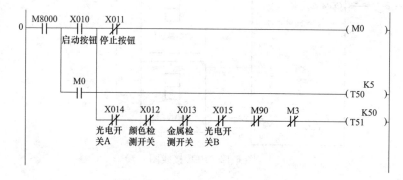

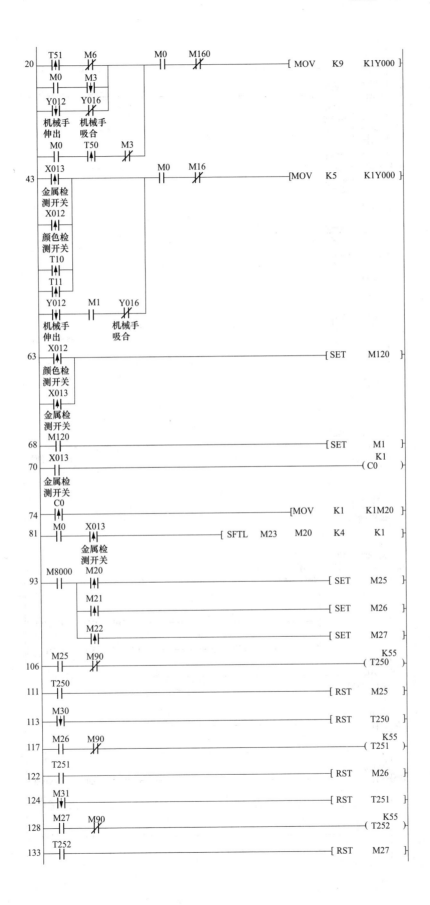

```
       M32
135 ──┤↓├──────────────────────────────────────────────[RST    T252 ]

       T250    X020
139 ──┤↑├────┤/├──────────────────────────────────────────( M30 )
            推杆A
            前限位
       M30
     ──┤├──

       T251    X020
144 ──┤↑├────┤/├──────────────────────────────────────────( M31 )
            推杆A
            前限位
       M31
     ──┤├──

       T252    X020
149 ──┤↑├────┤/├──────────────────────────────────────────( M32 )
            推杆A
            前限位
       M32
     ──┤├──

       M30    X014
154 ──┤├────┤├─────────────────────────────────────────( Y004 )
            光电开关A                                    推杆A伸出
       M31
     ──┤├──
       M32
     ──┤├──

       M20    M21
159 ──┤├────┤/├─────────────────────────────────────────( Y005 )
                                                          推杆A缩回
       Y005
     ──┤├──
     推杆A缩回

       M8000  M0    Y005
163 ──┤├────┤├────┤↓├──────────────────────────────[ INC    D11 ]
                    推杆A缩回

     ─────────────────────────────────────────────[ MOV  D11  K1Y020 ]

              [ =    D11    K10 ]──────────────[ MOV   K0    D11 ]

       Y005                                              K4
187 ──┤↓├──────────────────────────────────────────────( C10 )
     推杆A缩回

       C10
192 ──┤├───────────────────────────────────────────[ SET    M110 ]
     ────────────────────────────────────────────[ RST    C10 ]

       M110
196 ──┤├───────────────────────────────────────[ MOV   K0    K1Y000 ]
                                                         K50
     ──────────────────────────────────────────────────( T10 )
     ────────────────────────────────────────────[ SET    M90 ]
```

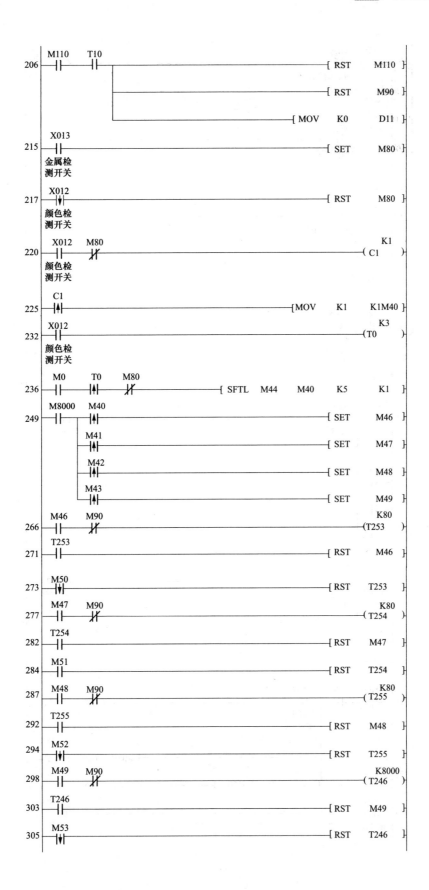

```
        T253    X022
309    ─┤↑├────┤/├─────────────────────────────────────( M50 )
                推杆B前限位

        M50
       ─┤├─

        T254    X022
314    ─┤↑├────┤/├─────────────────────────────────────( M51 )
                推杆B前限位

        M51
       ─┤├─

        T255    X022
319    ─┤↑├────┤/├─────────────────────────────────────( M52 )
                推杆B前限位

        M52
       ─┤├─

        T246    X022
324    ─┤↑├────┤/├─────────────────────────────────────( M53 )
                推杆B
                前限位

        M53
       ─┤├─

        M50     X015
329    ─┤├─────┤/├─────────────────────────────────────( Y006 )
                光电开关B                                  推杆B伸出

        M51
       ─┤├─

        M52
       ─┤├─

        M53
       ─┤├─

        X022    X023
335    ─┤├─────┤/├─────────────────────────────────────( Y007 )
        推杆B    推杆B                                      推杆B
        前限位   后限位                                     缩回

        Y007
       ─┤├─
        推杆B
        缩回

        M8000   M0      Y007
339    ─┤├─────┤├──────┤↓├──────────────────────[ INC    D10 ]
                        推杆B
                        缩回

                                                 [ MOV    D10    K1Y024 ]

                        [ =    D10    K10 ]──────[ MOV    K0     D10 ]
                                                                 K4
        Y007
363    ─┤↓├──────────────────────────────────────────(C11 )
        推杆B
        缩回
```

```
368   C11
      ┤├─┬──────────────────────────────────────[ SET    M111 ]
         │
         └──────────────────────────────────────[ RST    C11  ]

372   M111
      ┤├─┬──────────────────────────────[ MOV   K0   K1Y000 ]
         │                                              K50
         ├────────────────────────────────────────────( T11 )
         │
         └──────────────────────────────────────[ SET    M90  ]

382   M111  T11
      ┤├───┤├─┬─────────────────────────────────[ RST    M111 ]
            │
            ├─────────────────────────────────────[ RST    M90  ]
            │
            └──────────────────────────────[ MOV   K0   D10 ]

391   M0
      ┤↑├─┬────────────────────────────────────────[ SET    M3   ]
      M7  │
      ┤↑├─┘

396   X006
      ┤├──────────────────────────────────────────[ SET    M160 ]
      重拣按钮

398   X016
      ┤↑├─┬───────────────────────────────────────[ RST    M160 ]
      光电 │
      开关C├───────────────────────────────────────[ RST    M162 ]
          │
          └───────────────────────────────────────[ RST    M163 ]

403   M170  M171  M160  M162  X003
      ┤├───┤╱├─┬─┤├──┤╱├──┤├──────────────────────[ SET    Y013 ]
            │          机械手                        机械手
            │          后限位                        缩回
            │
            │  T11  M171      X003
            ├─┤├──┤├──┬──────┤╱├─────────────────[ RST    Y013 ]
            │         │       机械手                  机械手
            │         │       后限位                  缩回
            │         │
            │         │    X003  X001
            │         ├───┤╱├──┤╱├──────────────[ SET    Y011 ]
            │         │    机械手 机械手               机械手
            │         │    后限位 下限位               下降
            │         │
            │         │    X001
            │         └───┤╱├──┬──────────────[ RST    Y011 ]
            │              机械手│                     机械手
            │              下限位│                     下降
            │                   │
            │                   ├──────────────[ SET    Y016 ]
            │                   │                     机械手
            │                   │                     吸合
            │                   │
            │                   └──────────────[ SET    M162 ]
```

241

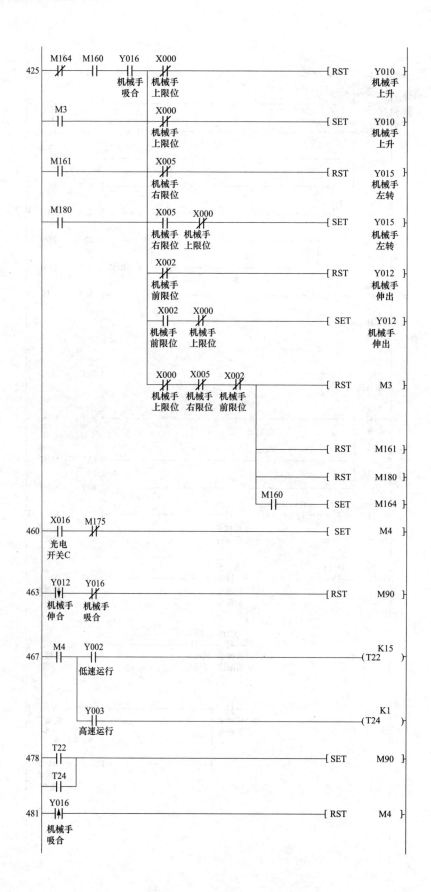

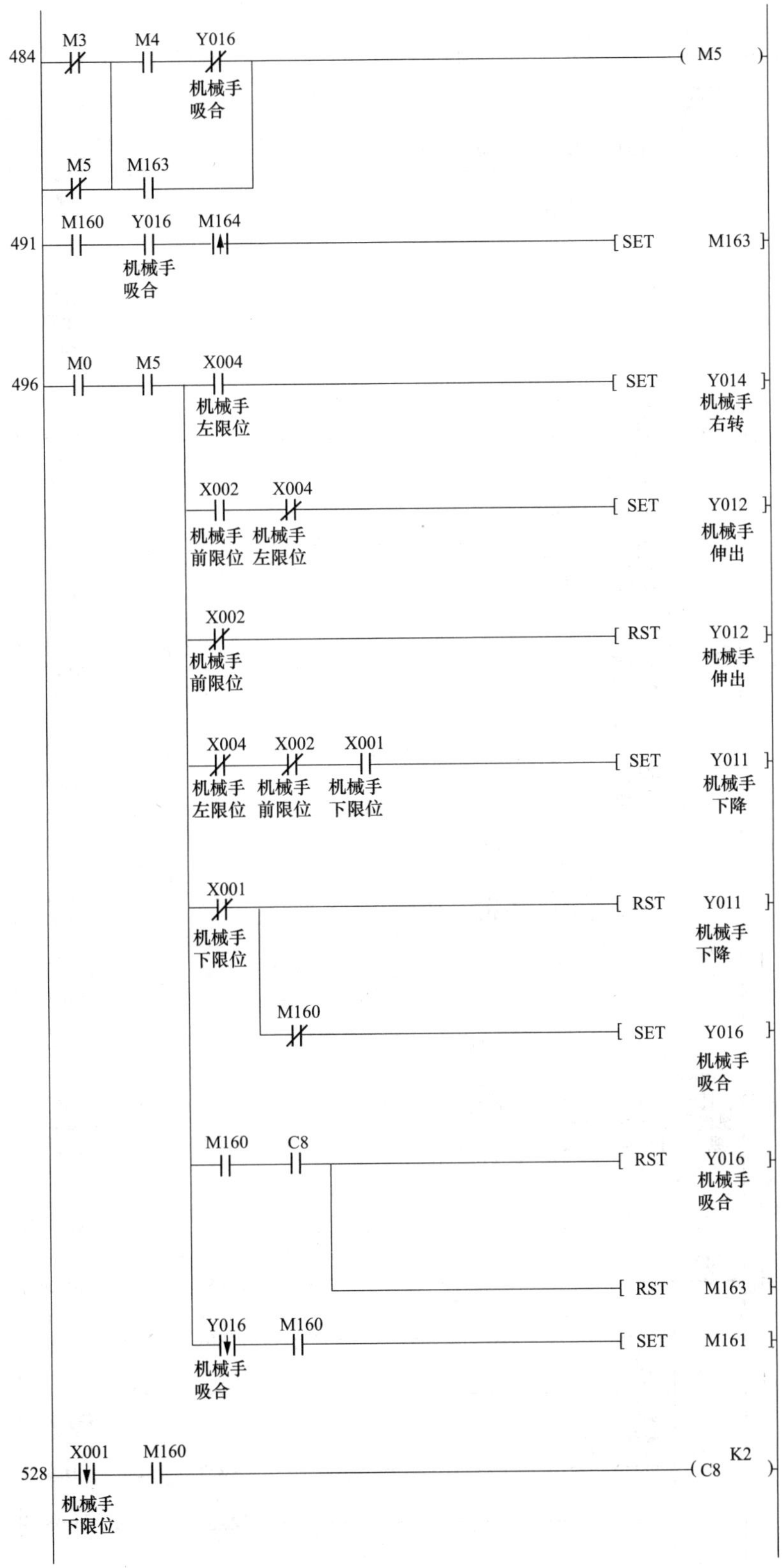
484
M3
M4
Y016
机械手吸合
M5
M5
M163
491
M160
Y016
M164
机械手吸合
SET
M163
496
M0
M5
X004
机械手左限位
SET
Y014
机械手右转
X002
X004
机械手前限位
机械手左限位
SET
Y012
机械手伸出
X002
机械手前限位
RST
Y012
机械手伸出
X004
X002
X001
机械手左限位
机械手前限位
机械手下限位
SET
Y011
机械手下降
X001
机械手下限位
RST
Y011
机械手下降
M160
SET
Y016
机械手吸合
M160
C8
RST
Y016
机械手吸合
RST
M163
Y016
M160
机械手吸合
SET
M161
528
X001
M160
机械手下限位
C8
K2

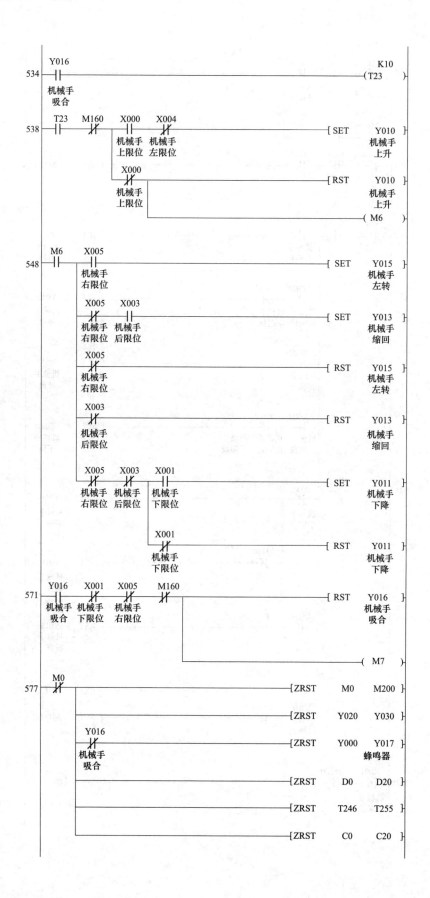

611 ┤M7├──────────────────────────────────────[ZRST Y010   Y020]
                                                   机械手上升

           ┤M0├──────────────────────────────────[ZRST Y000   Y030]

624 ┤M0├┬┤T22├──────────────────────────────────[MOV   K0   K1Y000]
         └┤T24├

633 ┤M160├┤M25├┤M26├┤M27├┤M46├┤M47├┤M48├┤M49├──────────(M170)

642 ┤M162├┤Y016├────────────────────────────────────K10
         机械手吸合   (T13)

647 ┤T13├──[SET   M180]

          ──[MOV   K14   K1Y000]

655 ┤M160├──[SET   M175]

          ┤M0├──────────────────────────────────────(Y017)
                                                     蜂鸣器

          ┤M170├────────────────────────────────────[MOV   K0   K1Y000]

668 ┤X017├┤M160├────────────────────────────────────[ZRST M160   M179]
    光电
    开关D

          ──[MOV   K9   K1Y000]

682 ───[END]

245